This book belongs to

....

....

....

Contents

HOW TO PLAY

Number Fill In Puzzle is played on a rectangular grid, in which some cells of the grid are shaded. Additionally, external to the grid, several numeric values are given, some denoted as horizontal, and some denoted as vertical.

The puzzle functions as a simple numeric crossword puzzle. The object is to fill in the empty cells with single digits, such that the given numeric values appear on the grid in the orientation specified.

EXAMPLE

PUZZLE

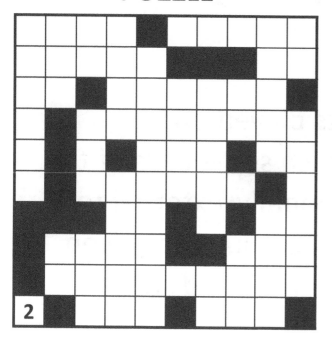

ACROSS

6737,
455561249,
376571, 21,
649, 54, 132,
255, 3181, 85,
897, 83773939,
68822, 124613,
31687, 25, 41

DOWN

21, 727165755,
824, 78355, 64,
1813, 63277,
86, 24335, 752,
16, 944179,
4735, 332118,
2949, 853, 19,
115

PUZZLE (Solution)

3	1	8	1		6	8	8	2	2
3	1	6	8	7				4	1
2	5		1	2	4	6	1	3	
1		8	3	7	7	3	9	3	9
1		5		1	3	2		5	4
8		3	7	6	5	7	1		4
			8	5		7		2	1
	6	7	3	7			8	9	7
	4	5	5	5	6	1	2	4	9
2		2	5	5		6	4	9	

ACROSS

6737,
455561249,
376571, 21,
649, 54, 132,
255, 3181, 85,
897, 83773939,
68822, 124613,
31687, 25, 41

DOWN

21, 727165755,
824, 78355, 64,
1813, 63277,
86, 24335, 752,
16, 944179,
4735, 332118,
2949, 853, 19,
115

The Puzzles

PUZZLE - 1

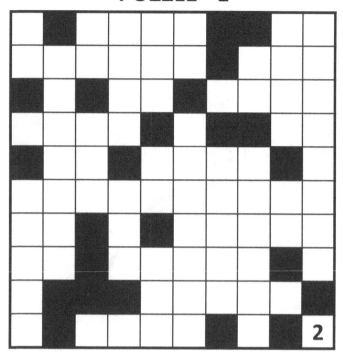

ACROSS

11, 95, 69, 455482, 974, 61, 73, 12168, 5315, 94499, 4772518814, 4788, 25, 83462, 3238, 2383, 4783

DOWN

82, 54, 281, 88464, 9319138, 383, 384867, 46674, 35, 19, 157, 1789, 2475, 25, 97, 5432719, 14355498, 288

PUZZLE - 2

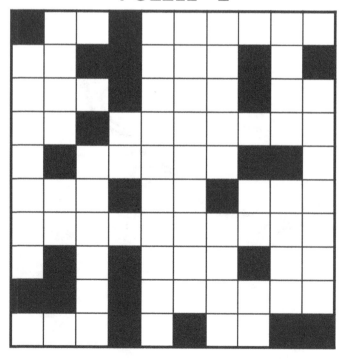

ACROSS

96695, 473, 45, 683126, 2747451576, 915, 577, 832, 11, 15, 3677614, 775, 23, 13, 622, 35, 372, 992438, 75

DOWN

954932, 1332, 3941, 3573, 17, 22575, 7712, 937795578, 13, 1512929, 35, 9876674468, 5462616, 36

PUZZLE - 3

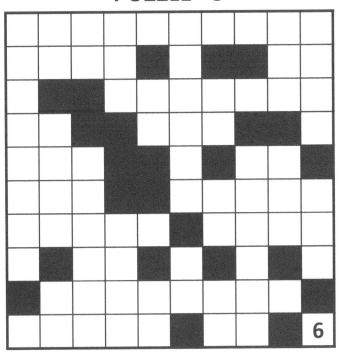

ACROSS

6926451955,
78328, 93,
46847, 36, 443,
43, 186,
46779356, 85,
4481279,
52499, 236,
4827, 24, 2568

DOWN

668463, 4372,
26, 24, 5497,
95, 44, 568425,
69, 62491242,
977, 348355,
3836, 527, 13,
692, 684, 48,
78, 38

PUZZLE - 4

ACROSS

53, 1974, 91,
456482174,
37881, 82, 216,
641611525,
922, 6323,
4579, 555, 93,
548, 89, 46331,
737, 147

DOWN

382936, 435,
876, 34, 18735,
9271, 446, 18,
22164, 527,
817, 12584,
63339,
51952195,
495, 7944, 851

PUZZLE - 5

ACROSS

43, 19991, 15, 22, 241, 362713198, 6356571, 177357, 33, 64, 4634897, 572, 183, 78, 31916, 998385, 38, 18

DOWN

76, 82, 43, 12, 933, 32, 83716271, 1998735799, 988158784, 232143, 47, 4462563, 587, 395, 91113581

PUZZLE - 6

ACROSS

88256, 849, 97831, 85, 798, 57, 91, 14, 471587, 3261566, 11851, 1767, 869, 521831924, 16, 2565199, 19

DOWN

445, 6216987, 8667, 918, 31985111, 19, 8519317258, 81, 1575, 1782, 859325, 4949, 31, 56711, 56, 682, 69

PUZZLE - 7

ACROSS

6871, 361, 7281213691, 3988, 94, 28, 886, 27339, 197, 58, 13762, 87, 782779, 88662361, 683389382

DOWN

973, 77198872, 85, 312257, 2118899118, 386, 2348, 161, 65, 68, 8792873, 8387, 963, 8296, 32772, 3616

PUZZLE - 8

ACROSS

8259, 97793597, 95984142, 633, 444, 7193, 66, 443719, 27243, 957777, 36825, 73, 521, 8589, 943, 62

DOWN

21683789, 216387, 984, 987, 416546557, 5293, 547, 1797, 2592, 73947, 5624397, 8493, 213, 4332

PUZZLE - 9

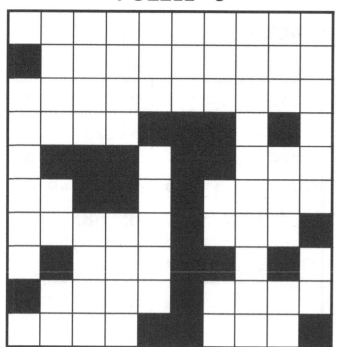

ACROSS

91491,
5629871158,
771, 275,
454679446,
1448, 22, 9492,
2828,
7735936549,
972, 2212,
5864, 359

DOWN

773, 53,
869814, 196,
24, 729292,
9728, 21, 62,
6472, 9452,
4984, 769, 869,
95,
1459785647,
92, 51128,
2531, 544

PUZZLE - 10

ACROSS

419, 4333,
31193, 93, 371,
73, 8845,
668226673,
291, 241, 1729,
8474, 891498,
5818, 4955,
2645, 33427

DOWN

4316437,
8831, 95,
798439,
22273, 25,
4928766114,
19, 32, 8595,
14, 53,
8326843, 841,
16732,
4147892

PUZZLE - 11

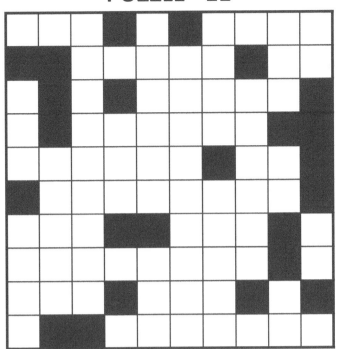

ACROSS

396, 716, 89439, 238, 691216, 14, 99684481, 828, 62, 887834, 44778724, 25188, 361, 7172812, 5477

DOWN

24, 821674668, 5841, 71812, 318137, 3988, 84992, 892487467, 698, 366261, 719, 61, 74, 431, 73, 987

PUZZLE - 12

ACROSS

38, 12965, 599579, 458, 7485, 479, 6779438, 1964, 63, 447554, 55, 584, 938273, 653, 56, 7879, 937354

DOWN

348, 71348, 52, 5384948, 764, 954163, 37, 93, 757365, 68, 549, 843, 657, 65, 97792, 59, 566, 99, 9498584, 547

PUZZLE - 13

ACROSS

8169, 6227, 674, 51, 55945874, 622, 51178, 915, 66, 2766, 78, 6149465859, 93, 67, 58, 25, 671, 6899, 18, 7597

DOWN

675, 37855127, 17157, 924913782, 625, 65776, 652, 98, 418, 998865, 574, 656189, 542995, 66, 65, 67

PUZZLE - 14

ACROSS

995252, 383, 323, 8114554, 699, 83531, 78791, 461894, 68, 735555, 5477251881, 92, 973, 47347, 82

DOWN

5543529, 63, 6513, 8278, 35575254, 4138, 854, 1789, 571, 433, 88, 317, 946, 23, 12932, 5313, 87, 999287, 954

PUZZLE - 15

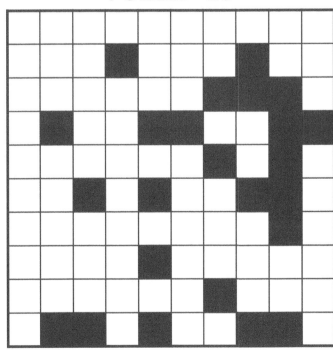

ACROSS

5381, 72, 9863, 73, 96826, 15, 963473, 52523, 82, 144, 353, 5545313811, 879937791, 42, 8289, 26, 46

DOWN

735, 788845, 335, 849254452, 29, 153, 963, 13, 8186546, 427933, 131, 95, 22, 93, 989, 73, 796116, 724784

PUZZLE - 16

ACROSS

9677, 78545, 624, 75, 475, 395925, 13, 547615, 244778, 1445384966, 468, 55, 24382593, 66, 69, 23

DOWN

565786, 479, 43464, 112541, 865, 998, 651, 48, 93638779, 356, 59, 45527, 65, 1434512923, 342, 42, 374

PUZZLE - 17

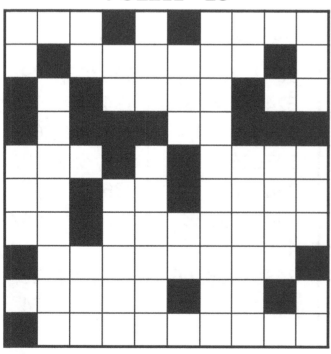

ACROSS

94, 374, 129, 4598, 65, 352, 1128925, 29421, 413, 6762, 2994, 23, 6847482421, 67, 52, 99, 6823668, 46

DOWN

2426, 562, 65448, 433, 799494, 4531, 3896, 13527, 4868299246, 173, 99, 425, 13219, 2541, 2122876

PUZZLE - 18

ACROSS

63, 4271, 99, 2572, 566, 5883, 91, 89, 67355, 9318, 16, 42799994, 594589, 494, 836427827, 62, 6511712

DOWN

19, 322, 469, 576, 97, 55, 233, 65, 9813521987, 857998, 94, 39, 8714, 63921478, 542, 96756, 846, 695954

PUZZLE - 19

ACROSS

22, 3989518, 5245, 314, 21, 9144, 61, 62378, 379282, 78, 99, 4483, 46, 633, 913, 97, 632, 73, 32, 1221517431

DOWN

116225791, 99, 233, 97, 51, 87, 654682, 83, 5433133, 29, 42, 21, 49, 4688149, 79517541, 4731332, 632813

PUZZLE - 20

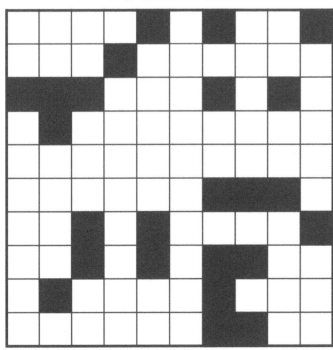

ACROSS

166135, 5289, 89, 451367, 4358234598, 21, 529, 9496, 429352, 31, 228, 141, 28, 1289, 24, 81939413

DOWN

11831943, 19, 3442214, 88, 14926, 58385, 81545, 52, 22, 198, 9322, 3613371962, 93, 99, 3514, 851, 95, 94

PUZZLE - 21

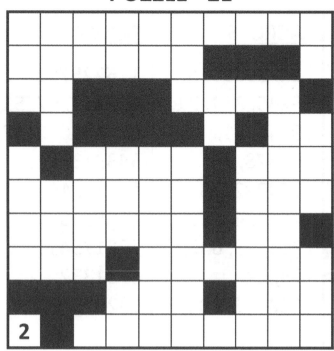

ACROSS

36, 92651172, 258, 2258913271, 575, 219, 595681, 595, 7434, 285, 272263, 7513, 482185, 66, 759837, 64

DOWN

979, 81, 256821, 655, 782, 157, 98, 43, 7525, 186716, 22, 562, 246, 16, 313595, 43874357, 2861, 52, 6525

PUZZLE - 22

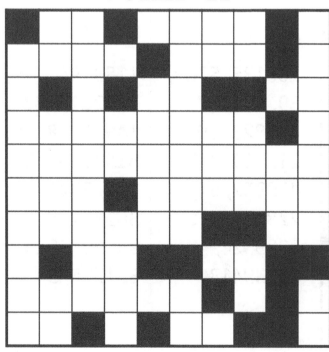

ACROSS

8791, 68, 99, 297, 25, 21, 835315, 347347, 14, 2381145548, 23, 4483, 377, 835477, 36, 19735555, 18

DOWN

449, 191787525, 821228581, 4385445, 557, 31, 38, 71, 7963879, 27, 553, 9393, 32, 56, 37, 3548, 65131, 87

PUZZLE - 23

ACROSS

971,
64685533,
7554, 272725,
46264, 37, 787,
5548499647,
87, 739, 11,
7618, 382893,
7862, 86,
11366

DOWN

33, 932662,
6371, 137, 54,
261, 51736,
452, 88,
9577688687,
479, 46, 785,
41, 873,
281984, 8762,
56979

PUZZLE - 24

ACROSS

29, 26, 27, 91,
9473, 6615, 45,
113, 89328,
4669119475,
691575382,
15769, 57,
6228, 3438,
3893, 14, 683,
11

DOWN

43, 9821, 97,
5312, 73, 93,
1247,
4975163968,
58, 718,
4381843, 63,
72, 2546, 57,
62, 6851, 4169,
68, 99, 162112

PUZZLE - 25

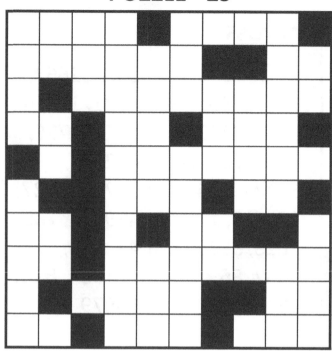

ACROSS

287859, 522, 8269, 42, 43, 79, 29516329, 6268271, 21, 445, 86, 3686, 34, 13, 942, 71, 9367819, 2111, 212, 26

DOWN

67, 6891697924, 291, 68, 19, 622695, 364, 658, 55324, 3214, 3222, 172271, 29, 39, 181, 872, 7962, 84753

PUZZLE - 26

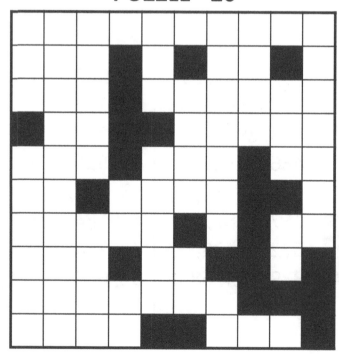

ACROSS

443, 261, 255, 78, 61, 7443661, 83, 44, 67442, 774, 7919, 73, 335, 4363746768, 42347, 88, 5365, 256, 591854

DOWN

547, 6812352, 765, 39, 74, 4141, 16, 7383, 12, 54, 9446, 386277, 427, 43266, 3574387649, 66445, 8247338

PUZZLE - 27

ACROSS

4483, 1469, 214483, 76571, 55482, 367, 97, 55612, 375, 721, 38, 735, 2215874115, 737628299, 11, 59

DOWN

58, 3519, 757, 51, 5824, 866271, 9876338, 43, 21, 54, 547, 59935, 11396766, 79211, 52714, 84, 13243

PUZZLE - 28

ACROSS

7993, 334, 71428, 58, 68, 62426, 49, 839312, 191, 48, 42798522, 666723, 523, 77488185, 6235, 876, 94, 87

DOWN

868, 143846876, 39543, 46, 2427676, 79, 8136, 82, 973, 3922195254, 4328248, 25, 87, 781952313, 68

PUZZLE - 29

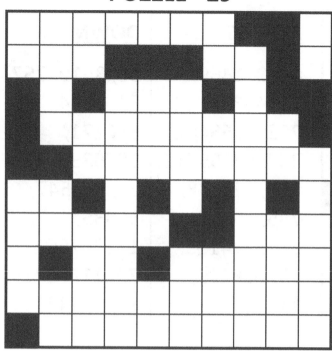

ACROSS

346, 88, 493, 594224794, 94316888, 96, 17727, 5866268711, 96562547, 4772612, 11, 49438, 713

DOWN

1319, 915, 3662, 49, 462, 7969, 43, 85, 87, 8165, 82, 84, 168557477, 76, 43672664, 21, 7459, 984, 743814, 13, 22

PUZZLE - 30

ACROSS

74, 522, 6768, 212731, 84748242, 58, 75, 99, 344, 68, 55, 3739653, 43, 4691854445, 6529421, 783

DOWN

94, 5196, 498, 68, 47, 438, 658967923, 781774, 4243854, 524, 1362, 292, 227463833, 61, 642, 435, 54435

PUZZLE - 31

ACROSS

82,
9828392335,
292,
79551249,
81234, 735,
2565,
99836428,
651171, 947,
99994, 441,
2427

DOWN

22, 2268,
13984, 987, 14,
814, 8297585,
9983, 5933,
795284, 579,
7825434,
195671,
23385, 94, 19,
221

PUZZLE - 32

ACROSS

47, 23, 46,
1542,
9528759, 27,
78, 36449, 71,
57, 2766674,
79, 76598,
3415, 51, 246,
3567, 99, 22,
7681775, 2324

DOWN

557, 34, 22357,
77, 72, 84,
9797279,
777524,
163273,
658563719,
667, 845264,
249, 57,
626345,
2591694

PUZZLE - 33

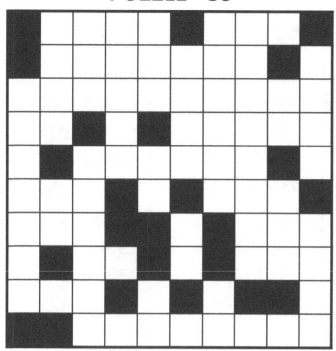

ACROSS

6173623786, 829, 146, 174, 152, 397, 48378791, 181221, 9872, 23989, 32, 953, 4546914, 153, 79

DOWN

54791538, 857, 9412, 23, 146734, 266, 6351139, 18, 4695, 7941, 9222, 392, 13, 113321, 74, 74328, 32, 88

PUZZLE - 34

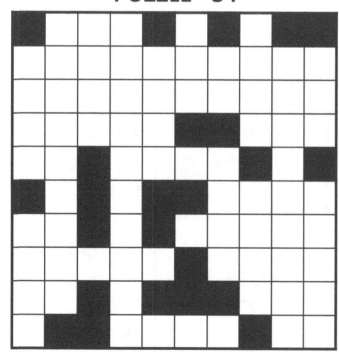

ACROSS

937, 91464, 26, 836, 91383, 38, 9898, 8717, 456, 4788725417, 7277196944, 48733, 96, 2247, 1897, 92

DOWN

9997, 5498, 6878812681, 7137, 143243933, 73878, 56, 4792, 229, 2789, 472169216, 746, 7289, 5873

PUZZLE - 35

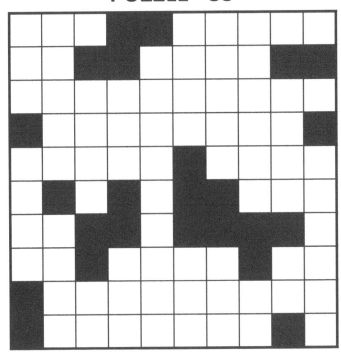

ACROSS

428, 497, 3245, 5899, 82, 7975, 7224651371, 8226953, 76735, 54279999, 496967379, 23, 94, 72, 65883

DOWN

575, 92256, 853984, 769, 2348, 367567996, 477, 33, 7992, 92, 54195, 2473, 423, 988493, 97, 7882, 762, 6259

PUZZLE - 36

ACROSS

742, 1236, 4256, 881, 3311, 7967, 332, 4952566595, 898144, 4325596, 27, 71595936, 1316665642, 224

DOWN

372, 47, 355, 956, 65, 12457, 26141, 661, 51958665, 534, 3924766, 8215, 66, 46, 22, 25, 1398749, 39, 62, 8514

PUZZLE - 37

ACROSS

86, 83, 617919, 876, 47227, 1495, 56, 2624, 6672341, 18, 559568, 335675932, 48, 277, 36594, 825, 59, 8261

DOWN

686863, 68, 669711, 27, 845, 5221398251, 957843, 775, 256899, 47, 352, 12716, 769, 84, 46896552

PUZZLE - 38

ACROSS

832, 2947639949, 2826, 94, 475, 31, 39, 871, 136, 376238, 45391112, 8338, 616, 671679, 26863, 7857791

DOWN

7313, 6368, 67, 33, 6359, 21, 69, 79532, 98413, 577, 21792, 18, 31946, 3386, 61798, 711, 43, 986298219, 36

PUZZLE - 39

ACROSS

23426, 47, 2184, 28542643, 31164326, 3334, 72, 594, 81327, 84, 917, 89, 5744284813, 29, 984, 812, 745

DOWN

481, 42541, 653, 78, 2644, 342188, 8996483828, 14286912, 31, 47, 843484, 732, 43927, 362, 312174, 59551

PUZZLE - 40

ACROSS

935, 94388, 684, 533, 9271, 77, 724, 33, 5677, 6525995, 2458, 45384996, 468, 482, 637, 475, 5692954545

DOWN

94698539, 5833, 35, 73, 7575, 626762, 645, 6847, 498348, 86, 79255, 54, 651, 275, 94453, 58, 843489

PUZZLE - 41

ACROSS

223, 63, 73829, 46, 25483, 74, 688, 131737, 78, 8736947, 657147, 8741, 55, 16, 1513, 1512, 412223989, 7216

DOWN

622, 52, 81131, 717, 22164, 1954, 4331118, 32, 35, 79, 476, 718468, 5753, 679, 848743, 696273758, 68, 922

PUZZLE - 42

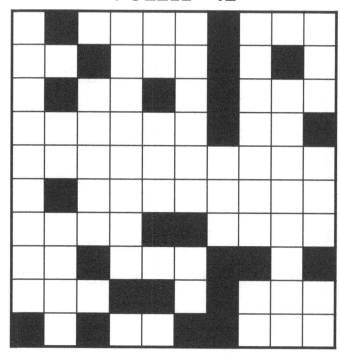

ACROSS

114561, 3162, 52, 6347873222, 7346, 69, 153, 317, 29, 98961822, 792, 53, 252, 557, 7431, 299, 246, 73

DOWN

2857284, 317, 49, 694176, 54496, 227, 761163353, 53223395, 13, 32257822, 689, 1318, 23, 63, 71, 221

PUZZLE - 43

ACROSS

4363746768, 4748, 918, 262, 93443, 7186, 244, 5235, 34, 1279, 4994, 544, 2362, 68, 2567832884

DOWN

7669, 49658, 46, 42443715, 435, 43, 478, 6785, 4264, 6433, 4262, 626847, 3922, 83, 39, 987882, 844, 17, 2215

PUZZLE - 44

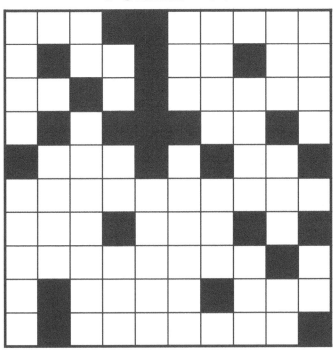

ACROSS

78889, 63, 588, 14718, 5417727811, 8392, 1224873, 91, 491, 794, 93837279, 324, 198, 61, 73, 23, 54

DOWN

197, 4186, 41, 85, 937, 8378, 314, 332, 57927, 74792, 8195, 929224, 5493, 23, 1124, 5814881, 87, 717, 168, 84

PUZZLE - 45

ACROSS

789, 78, 2612, 2613636, 61, 875796, 73, 79, 54, 889, 27813, 24472, 975, 45493, 348665, 7494, 87, 7355, 31

DOWN

219543, 46, 516, 73, 89, 987, 415, 73529, 727, 43, 5432248, 82814, 96, 766253798, 677685514, 7374, 17, 6384

PUZZLE - 46

ACROSS

313811, 7355, 1516, 97, 454, 8196, 26, 3779, 79, 289, 828, 517122, 4314522, 43, 19683698, 5221448278

DOWN

6481, 11, 9142571754, 9877, 65, 52413, 641, 13, 217989, 2278, 34, 284, 81, 5362993, 38, 16, 742, 85, 19, 839

PUZZLE - 47

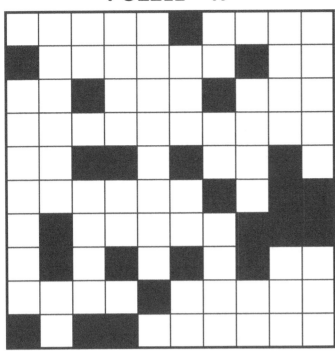

ACROSS

286186, 435883, 51, 834, 287, 8187, 27, 16, 69617, 87551, 7785671669, 94, 77, 69941, 589926, 9192

DOWN

13, 63, 65, 17, 11, 96, 2772228, 948, 98, 1495, 21793, 957778, 2669, 6858, 413, 1985, 247, 79366851, 68, 9586

PUZZLE - 48

ACROSS

9491, 483213, 12, 6383384, 439, 3137, 6168719, 3453911, 67, 8577, 926, 9129, 228, 66167, 47639, 282

DOWN

982792, 162, 31273791, 65433, 21738, 99, 43, 16, 187, 814, 562, 14, 6988361, 361, 787, 6247, 86335629

PUZZLE - 49

ACROSS

794,
523755476,
4849, 545, 37,
313841, 96, 29,
315925,
15911,
764685, 44,
61134382, 69,
664, 93, 33

DOWN

99446, 251, 63,
65516, 1713,
7765, 94,
534424,
551952,
993575514,
8865732, 695,
78, 448,
5443391

PUZZLE - 50

ACROSS

32, 1972,
63317379,
247, 6587,
8283, 88, 9145,
281, 86, 498,
71237, 481,
96563, 93,
57897274,
2829153

DOWN

46,
613597939,
87499, 2118,
18824, 282,
738, 432, 7987,
62, 42, 5162,
4292, 737, 73,
67, 68731, 85,
59215

PUZZLE - 51

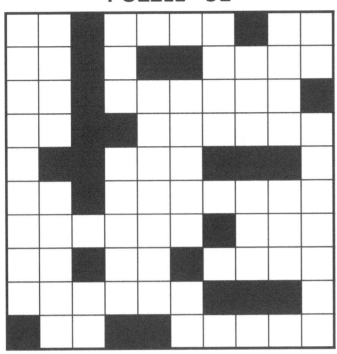

ACROSS

5293, 682, 1884, 72, 57, 9334, 898433, 64, 7284745, 91, 56, 35744, 273854, 341, 95, 24, 363713, 932635, 11, 19

DOWN

443, 6982325, 733, 94, 5471, 67478, 925165892, 1833, 69176, 816, 33283, 43, 34, 5251424, 3172, 513

PUZZLE - 52

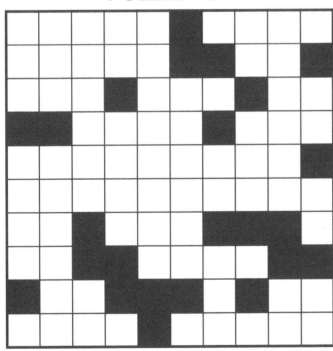

ACROSS

65, 525, 656, 9369431688, 54, 17, 13696, 7887, 13, 17648, 6579, 338, 612, 25, 66316, 89, 4872, 134611354, 7277

DOWN

31, 762, 635446, 1985, 51, 52, 656, 843, 339422, 86371457, 76, 82, 19, 8696, 736148, 165, 57, 41, 321368

PUZZLE - 53

ACROSS

328618, 669, 12793, 13514, 7856, 81, 818, 616, 42877, 512675211, 435, 33596, 77, 88, 99, 13, 15, 928855

DOWN

1763247, 332, 628, 5816, 21, 281631, 6395, 59, 36, 91, 581, 98, 1848, 3571519, 64, 562, 457, 77988, 85, 678, 65

PUZZLE - 54

ACROSS

56123, 82, 15, 657, 97355, 611, 744, 35, 59, 37, 67, 7377282, 9512, 1475721663, 1455482, 844763, 38, 7959, 48

DOWN

21, 7587, 729, 165176, 2478, 653, 15419, 2237, 56638, 25, 1395, 3486, 5652, 17, 3944764415, 84, 71, 79, 735

PUZZLE - 55

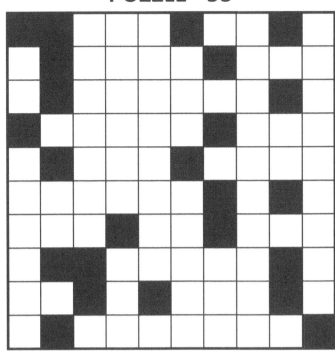

ACROSS

4497,
7365899, 246,
759, 43, 991,
14715, 27, 72,
245, 667, 5356,
272, 636,
659837,
81775, 287597

DOWN

496273647,
638738, 193,
198, 72795,
75776374, 54,
15, 6521695,
3772422519,
462526, 79,
655

PUZZLE - 56

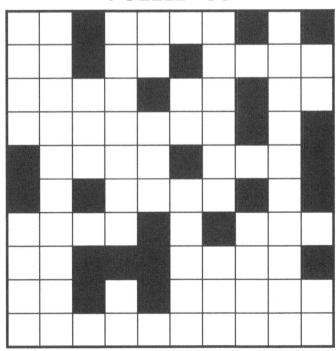

ACROSS

88, 9656375,
21594, 841,
1464, 38, 8672,
99, 2247,
5577145687,
22, 95, 946, 81,
8973, 4939, 98,
7298, 3997

DOWN

2346777, 97,
8219, 98, 659,
1246899595,
9756, 87, 28,
47,
7388114298,
615, 94824,
3995, 748588,
332

PUZZLE - 57

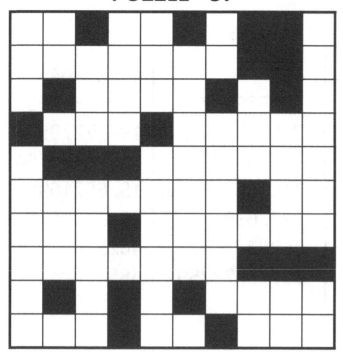

ACROSS

58, 7363, 984, 2541388, 668245, 57, 333412, 613, 22, 75, 4722534, 643, 25263, 8742, 442, 6722774

DOWN

24273, 236, 1313582, 55, 74, 725, 8326733, 569426, 22, 787, 6451, 2133, 58, 722, 44, 471, 673535, 584348

PUZZLE - 58

ACROSS

94, 22378968, 52, 62, 5124393, 95, 2312, 921, 462, 333, 73, 1231587411, 35657135, 72166347, 56412

DOWN

854, 1613, 769377, 213, 563, 4225, 342, 921, 5983, 6679, 573, 71236, 484349, 6592, 65, 3317, 2252, 281, 5763

PUZZLE - 59

ACROSS

517, 568, 3811128784, 47551, 7691, 194, 35, 8626, 99, 3994, 3576258265, 1884819337, 876, 994834

DOWN

59521, 9813, 596521, 88, 53, 2749, 4354, 61, 6116364, 528, 46, 719, 783337, 68, 921, 77, 1488893, 58679

PUZZLE - 60

ACROSS

525, 34611, 238654, 77, 92, 34, 69, 693, 167, 5531, 2168888656, 8647, 121, 2447887253, 54849, 1671

DOWN

76614, 9832, 6135, 9881, 952, 44, 647, 2742146, 1688, 5739221, 21, 876, 627, 87, 551, 74, 83414363, 55

PUZZLE - 61

ACROSS

532144857, 685, 3145229956, 48, 63222291, 562, 378, 692, 87933779, 22, 482, 4619, 511, 1516631

DOWN

6513, 422, 97, 581, 23628435, 62114, 82246, 527, 42, 53151937, 32, 98596, 654138, 296, 47, 19487, 131

PUZZLE - 62

ACROSS

399579, 69, 151763, 44619, 531463, 92, 14152454, 584, 252694, 14, 56237, 2239, 935321448, 863

DOWN

53, 11, 21, 621, 139, 92, 4447945391, 7454, 95, 16, 932, 93, 26688, 5495, 54, 3311572, 65322, 334, 4681, 216, 25

PUZZLE - 63

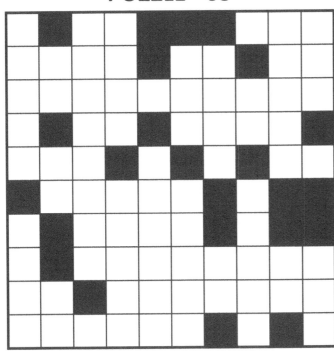

ACROSS

87, 4324, 62, 6255, 385, 88, 68711, 34, 69, 2541772771, 965, 42487339, 6494, 789577, 6492223, 78

DOWN

86233, 14897, 32, 73265, 72, 48, 9937, 8246, 932, 85465844, 812447, 79, 776, 57321, 25, 68746, 571, 8519, 86

PUZZLE - 64

ACROSS

497, 578793, 865, 477, 555323841, 25121, 45548, 2965, 5316935252, 9561, 779, 44, 41, 648, 21, 64785

DOWN

138, 796548665, 3575554182, 951, 66478573, 51, 43, 63, 912344541, 795563, 989727, 28, 58, 174, 52, 53

PUZZLE - 65

ACROSS

19495, 836, 52883, 751119, 44, 335, 4358, 1259494838, 25, 983941, 8914992, 74, 91, 89217155, 98, 668

DOWN

4144, 199, 1995, 591, 29884119, 857992, 49, 2144, 69595, 321, 3878, 85813, 13, 78, 8355, 143, 9853, 4382

PUZZLE - 66

ACROSS

16982, 14, 32698, 613255, 8155798471, 419, 1848739311, 68, 657, 2262257, 615, 4875133, 86682

DOWN

155, 643, 57112275, 11, 181, 86, 5732, 3282, 396, 88, 71, 28, 93665358, 839979, 64, 6579, 541, 28443216, 2814

PUZZLE - 67

ACROSS

861, 211, 435, 84, 32, 2675, 928866135, 93359625, 9413, 1415818761, 69119, 1287, 786163, 9429

DOWN

266, 386146589, 85356713, 68, 78919911, 12, 97, 44, 737552, 56, 618113289, 18, 1832, 1999, 862443

PUZZLE - 68

ACROSS

1344, 8578, 353, 8777, 8866135, 78, 92, 194, 3676, 33, 627, 87, 2762289, 6993459625, 1415818, 266, 861

DOWN

168, 42, 321, 58452, 56, 35, 419, 273, 2577, 685443, 8939, 61197, 738888193, 282, 76, 8766818366, 92, 97, 276

PUZZLE - 69

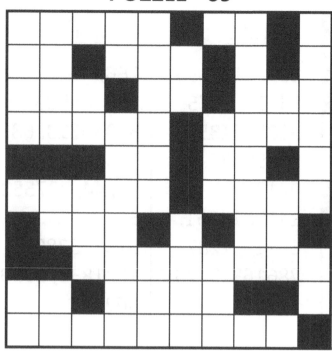

ACROSS

13183, 83,
49217458,
71485, 78, 93,
45, 73, 56,
7746, 7216,
168169514,
922, 915,
74565, 254,
6124, 77, 765

DOWN

89, 765, 56,
1927, 44, 53,
265, 49,
71728154,
5149,
8762971, 276,
524, 41, 61,
335694,
318535, 3351,
81, 776

PUZZLE - 70

ACROSS

7385,
2589132714,
191, 34,
9312644, 82,
72933, 843,
1856,
6743413,
365948992,
42, 42643,
44284814

DOWN

31264168, 81,
91, 3574,
4425914,
3275448261,
844354, 28,
4942, 33526,
97, 3269183,
493, 2463, 38

PUZZLE - 71

ACROSS

117, 93, 55, 99, 2781616149, 25, 82, 681, 47977, 7991, 2869, 65, 5924, 775, 7516, 465859, 4671, 427666

DOWN

85, 97, 179, 19, 279, 16, 65, 182, 2847, 526, 1754, 98, 7696446873, 249, 981278, 6551615, 629, 77656, 7779

PUZZLE - 72

ACROSS

36, 3473466, 584, 63, 373, 94, 14453, 99648, 38, 81, 77, 54, 296555, 475, 96, 485787, 59957958, 561, 5484

DOWN

549, 32, 16849413, 45, 19347, 34935, 539, 46, 954, 684, 96654, 49, 86, 75777, 76, 59438958, 37387, 8655

PUZZLE - 73

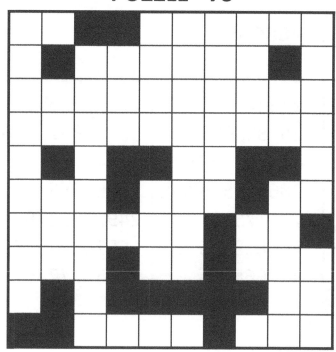

ACROSS

466944, 69, 62, 921, 135, 45, 929, 762583, 43, 5771129576, 94, 195, 5391212979, 726, 3746, 14, 662828

DOWN

97, 362, 797952143, 9395, 65121283, 695, 64269, 37, 469692, 465531695, 77, 924, 611, 4221, 682949

PUZZLE - 74

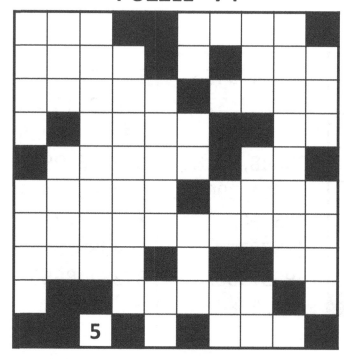

ACROSS

67, 56, 54264, 835, 551, 442, 68125, 73637, 2411, 5898, 9234, 4333419172, 8319, 1311, 3263, 62, 28473

DOWN

93157976, 59, 11638433, 122, 183, 47, 35, 13217345, 64, 8223, 2498, 516, 76234, 681, 44, 88, 6832, 543, 5279

PUZZLE - 75

ACROSS

2799334, 784, 32, 684, 55249, 567524434, 855, 826243, 74, 94, 89, 623, 637, 4676825668, 8523, 1854

DOWN

4785, 96, 58, 443, 543274, 72, 67, 54982, 626, 85795848, 59, 73, 13329736, 529, 82698439, 4354, 6644, 24262

PUZZLE - 76

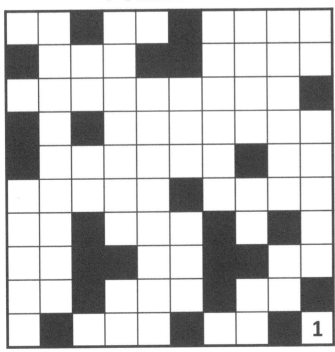

ACROSS

887194834, 8785, 53, 94, 29, 584, 27, 91, 7561, 112, 359, 76, 6693457, 77, 88, 6383, 266, 625836, 91112, 92, 39

DOWN

493, 299, 27, 258461761, 678368, 31, 21, 8416511, 3534, 864558, 96821356, 73554, 99, 79, 97796, 87, 36

PUZZLE - 77

ACROSS

194,
51415818,
676, 878,
792886623,
134, 3971,
2523, 7112, 59,
78, 73, 697862,
6782, 469944,
211128

DOWN

683,
797684432,
28156, 39771,
87161, 76391,
28, 775746,
921, 87,
3811951,
6698594219,
24, 682, 84

PUZZLE - 78

ACROSS

325, 4122,
2635, 627151,
25124,
8168822, 43,
87349456,
7982, 247, 152,
41, 159, 57,
316, 377357,
874

DOWN

84, 92728, 155,
62773, 4325,
81, 274,
682716, 114,
84321, 92874,
55532, 244,
731362, 57,
926, 726, 5315

PUZZLE - 79

ACROSS

389811, 83, 5642, 37, 6331, 217, 5649, 88121, 458, 542, 393, 9225, 456, 255, 79, 91533, 45, 33262754

DOWN

2473911554, 395, 433516, 35, 382, 213, 87591, 627, 9458, 26, 21, 56, 44, 98834, 3481, 223531, 497495

PUZZLE - 80

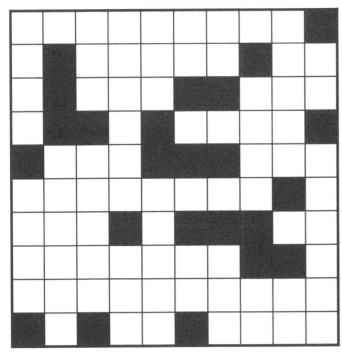

ACROSS

1791136611, 892, 73, 54, 27, 453, 964, 935779438, 56929, 2575547, 849, 458, 6453, 76468553, 8289

DOWN

793, 869572, 87513, 85536, 62, 9853, 765396, 517, 437619, 4593, 49, 44279, 92, 7821, 48, 18, 554, 43, 768

PUZZLE - 81

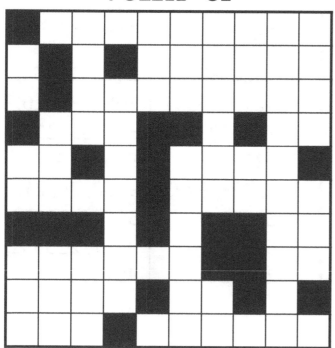

ACROSS

94, 4873, 64922, 11, 78, 943, 21, 958712, 114, 393773, 5874, 3934, 772781369, 944858, 47, 62687215

DOWN

93, 13, 949, 874, 147284, 76, 581, 9857, 7464, 6514327257, 951, 382, 848, 796, 463219, 281, 2324274, 79

PUZZLE - 82

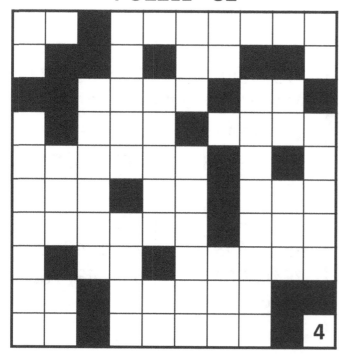

ACROSS

44712, 495177, 63, 65, 6555, 657, 8895169, 641, 2556, 13, 44, 22, 49361, 87261, 96, 494, 348, 613625, 35

DOWN

87591, 2466623, 716, 35, 91, 46, 645736, 25, 53, 65563221, 951, 54792, 68181, 765873, 49, 6544, 915, 446

PUZZLE - 83

ACROSS

6697761, 126, 85, 87, 75211, 51, 69, 141581, 33596, 28784969, 34358, 35, 1949, 81, 94, 63286, 63, 18, 7928

DOWN

688, 54, 66, 1986, 78, 867, 79, 3522, 13937431, 2549, 71519, 58, 225, 784, 833, 11185193, 166, 84, 659681, 29

PUZZLE - 84

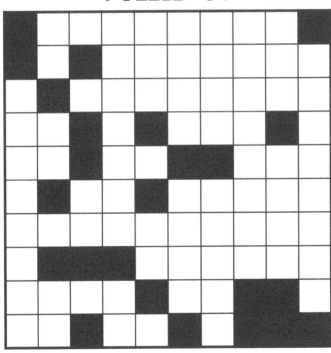

ACROSS

85, 264566, 38845, 7373716132, 41, 4145751, 27, 33489169, 82, 67, 326, 22, 58153598, 74, 622, 8246

DOWN

86475, 1433213, 38857582, 72, 54, 27, 5592, 25, 67, 19925263, 47, 3166, 97166815, 3483, 2436, 514, 856

PUZZLE - 85

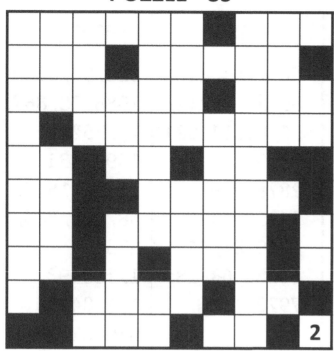

ACROSS

5269, 942487, 159, 21586, 43247, 214, 734, 15914, 59, 339, 15, 46492223, 92, 95, 41, 871, 12, 78, 77, 586626

DOWN

1721, 8212, 854, 519371492, 8432784455, 469, 64, 6924, 36, 27513, 52, 93, 7732, 2484525, 6379, 1979

PUZZLE - 86

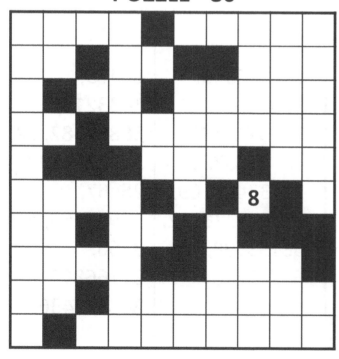

ACROSS

67761, 35, 62, 428, 5163, 65, 99184652, 4725, 37, 88, 698, 2435, 81, 77537, 9186846, 91, 7474597, 24, 699

DOWN

4571, 7655, 62, 88, 12, 1464, 46, 5662723496, 56599, 11, 845, 749, 3817, 286, 187773, 69393, 7795

PUZZLE - 87

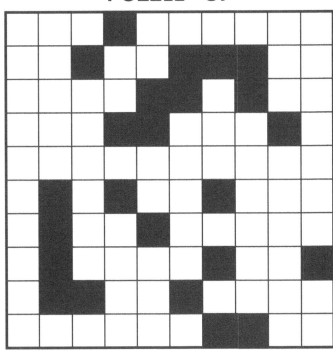

ACROSS

83, 6782, 397197, 7181213681, 251, 92, 396616, 69, 76, 35, 27, 6273, 576, 3892, 38787, 85, 78, 614, 66, 228

DOWN

27, 51632, 82, 6632719893, 828679, 918336, 35, 6379187, 773, 32, 182, 889, 19851, 5771, 662762

PUZZLE - 88

ACROSS

244, 61, 9735, 749, 471, 1431788896, 449586727, 82159432, 87, 1379, 635588, 712354936, 727, 424

DOWN

94, 14, 52792, 376, 5834, 221, 17457, 4398, 474, 97, 46681, 727, 89238, 79514, 7694, 13, 373481, 852, 485, 2985

PUZZLE - 89

ACROSS

92, 472, 456, 61981, 712, 93, 828, 32, 788, 872, 847279, 15, 117944924, 6123, 355889, 89, 7354178278, 91

DOWN

657, 68685744, 731488, 221, 4719, 922, 49, 912, 15313, 779, 18589731, 84, 998, 24, 8222, 853887479

PUZZLE - 90

ACROSS

683, 15164, 3143, 96347346, 114, 454, 6987, 81, 77, 29, 828, 5453, 138, 52, 72682, 27879, 14, 5221448

DOWN

393818, 38, 16, 14658, 79276519, 9353, 3543, 44, 512, 71, 827, 12241, 18, 4988, 778, 4522996547, 84

PUZZLE - 91

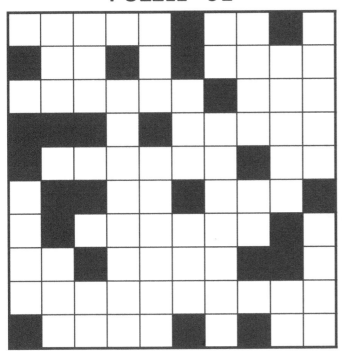

ACROSS

4611, 455484, 477261, 61296, 3841, 56, 35, 5492694316, 52, 63, 86479, 8888, 176, 653169, 13, 386, 55

DOWN

81, 486, 98, 165, 5814, 47736, 6936146, 2366, 348, 44357428, 51695, 219, 2515, 15, 127668, 628, 53, 235

PUZZLE - 92

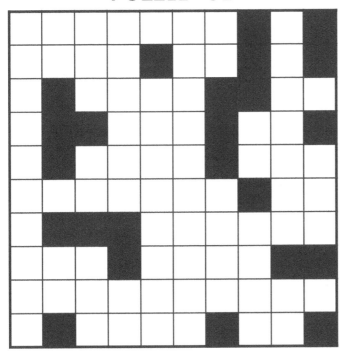

ACROSS

632, 4546, 11, 41, 95, 21, 631, 9353, 5324, 2462526, 2478, 4921, 93, 2239135, 221517, 6339957958, 561

DOWN

5127, 624, 5492, 9595311, 215549, 93, 23, 61, 2424624665, 33, 2461832353, 51, 217, 49, 139, 46712595, 96

PUZZLE - 93

ACROSS

99, 85, 568, 242, 932, 66, 35, 52722636, 58, 837219258, 413, 675, 43, 59, 15673, 29265117, 95659, 79

DOWN

3925, 95, 4967, 7246, 252196, 198, 38, 379, 358, 32, 613829917, 755469, 15, 5242627, 54657482, 16657

PUZZLE - 94

ACROSS

4658, 2279, 6593, 2492256, 72, 24881, 61, 5491, 56, 4584579464, 98147, 29, 17, 2611636348, 98, 47198

DOWN

76298158, 186, 2173774, 45, 434181, 8956, 82, 19, 43, 81, 6462, 47627962, 56, 55669, 92446424, 4819, 24

PUZZLE - 95

ACROSS

9964764685, 8718, 35, 3877785, 1136, 575547, 2886, 5264778, 8289, 89, 5338927272, 79, 2739, 73, 61

DOWN

1673, 624, 27, 4771, 274, 95, 8763, 138579, 625, 6378, 95778, 795, 816, 188788, 34, 4859, 723, 52, 8769, 935, 62

PUZZLE - 96

ACROSS

91483837, 2797, 317, 8897, 2487, 181549, 94, 247, 8197, 8894, 5417727, 1612, 12, 355, 56, 2839, 23, 33914, 47

DOWN

118, 6855747, 976, 924, 4157247311, 919, 43, 8298193, 38, 48748273, 222, 97, 83319734, 53

PUZZLE - 97

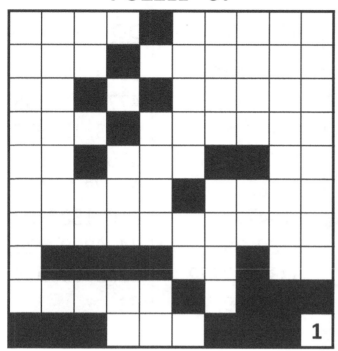

ACROSS

22622, 565781, 85, 31924, 14875, 5218, 4191698233, 714, 798, 261, 97, 117, 55, 31982, 515796, 69, 1333, 47

DOWN

17, 89, 21, 29884338, 27, 2176541, 32, 96, 5956, 771, 1515, 519251422, 1895, 46217335, 31368, 9797

PUZZLE - 98

ACROSS

13323, 823, 99176, 4765, 5788461, 95, 15, 98226, 8421831823, 96967, 19168, 3858, 83, 99, 578, 997, 147

DOWN

556, 8133, 72, 981, 81, 98, 78243, 95279, 83, 9389, 337, 65438, 9141, 691, 7622, 15579, 69, 793562681, 61, 849

PUZZLE - 99

8

ACROSS

67299, 477, 23, 375, 4946958, 1456873694, 13, 98, 889738, 9391464, 198, 298, 1594557, 889656, 82

DOWN

79851, 255, 44, 341, 4996, 29888, 57, 2499, 97, 188, 74, 4539, 3667299276, 68898, 37714, 6853, 9948

PUZZLE - 100

6

ACROSS

437388, 63746, 72624, 2774581854, 768, 226235424, 8845837, 4442347335, 25, 98, 53, 536, 6683, 427

DOWN

728745424, 6173, 823476838, 7274, 9482, 68538, 2445, 5335, 74, 3426, 268, 556, 42, 33, 28345, 47, 8473

PUZZLE - 101

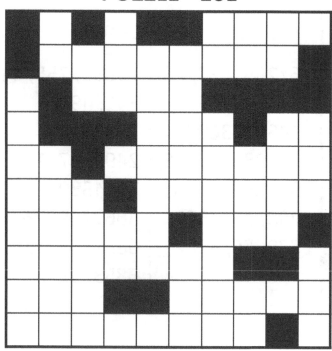

ACROSS

71163, 8132, 25, 492, 845, 299, 25729, 894642, 66, 15511712, 6664, 9465883, 5931855, 634, 71472184

DOWN

47, 846, 51695, 18, 2544, 34, 2146351, 863, 65, 641495, 81, 827, 16, 24939, 693, 7649838, 63687921, 72, 552

PUZZLE - 102

ACROSS

8624396716, 887, 216, 894399691, 17, 213691, 61, 28, 4481, 834624477, 62, 13, 79968, 38, 38283616, 137

DOWN

828693, 17, 761, 29, 3766, 87, 11, 81, 92, 984646, 8913298723, 638813, 684741, 69771862, 464462, 13, 39

PUZZLE - 103

ACROSS

12, 193263566, 999, 713, 392335813, 2918, 19, 3488, 651, 24, 49551, 363, 8357, 79, 11, 1488, 44, 83, 1256, 72

DOWN

199315, 169, 3198527, 5367, 65, 94, 3857838, 54, 286, 19, 22, 18, 33512, 62, 84, 29814, 1318, 331, 418736, 945

PUZZLE - 104

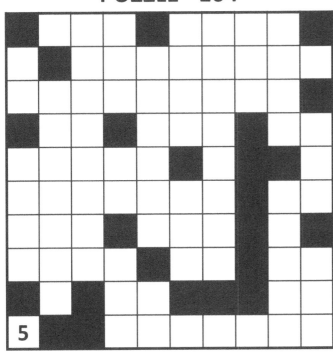

ACROSS

87, 39, 94389, 59951423, 97, 83, 8353, 1296777, 67, 447, 8338937, 452, 346, 936, 735476159, 98, 66, 8624

DOWN

73, 3299, 3842561, 979974, 8563, 97, 45573922, 31165779, 87693, 743, 793, 86, 694, 468, 687, 9148, 545

PUZZLE - 105

ACROSS

83787, 91, 792, 62, 829153315, 223, 3719745, 7431532, 9618, 7892169, 32, 633173, 55, 39, 38, 73222

DOWN

286, 92432, 575797, 36, 831113892, 95995, 21, 37158, 23398713, 73, 7913338243, 242, 7684436, 71

PUZZLE - 106

ACROSS

67, 4488, 37, 3634, 75, 46, 2457224, 15, 28, 23, 495, 9758176427, 1766, 5968, 256, 98, 6723, 6595, 71, 97658

DOWN

84, 867, 74, 88, 43, 812, 534657, 641, 73, 27, 572432, 273, 649546, 9476958652, 86687, 1369192, 57

PUZZLE - 107

ACROSS

9288551, 61, 57, 7927, 777856, 126, 19, 86, 278342, 5695688, 17259576, 589, 9617, 97, 616328, 8166

DOWN

1245, 8116, 88, 1387, 9626711, 26, 639, 9326, 792, 97827, 65, 57, 977, 515, 875, 531, 22, 66, 868, 8979, 879

PUZZLE - 108

ACROSS

891, 8577, 48, 7186, 725, 23623, 87, 72429, 88, 7792597832, 4342, 8414, 126, 67, 2436614, 93443, 1279, 24

DOWN

65, 88, 96246245, 421, 2424, 787139, 217, 7446, 83339247, 9396, 521768278, 4922119, 4478, 338

PUZZLE - 109

ACROSS

7363478732, 61, 33, 9145, 3997724, 28, 173, 5324, 215, 29, 2239896181, 526929, 2315174, 245, 62, 79, 98

DOWN

922, 63113, 32, 4586457, 323, 2924797, 7722367, 1481, 72, 71, 638, 7959395, 69, 33, 35, 285121, 961

PUZZLE - 110

ACROSS

448, 45763611, 3789, 316665645, 15959, 5499671, 8596, 845, 81, 648217, 745, 6123, 92, 89, 24, 8147

DOWN

39, 198495, 56, 41394846, 86, 196, 74, 254, 51, 9647888, 6815, 75245, 46, 4913, 5766, 952265, 765, 41, 8715

PUZZLE - 111

ACROSS

97, 79282, 3547, 53238, 953, 4483478, 3531699525, 73555, 37, 214, 1377921693, 11, 619, 82, 879, 4554, 238

DOWN

7925, 85, 39, 3441, 4935, 13, 48651, 454, 1654932, 2395, 38, 22727, 7983135753, 95, 7951, 46, 8893, 23, 727

PUZZLE - 112

ACROSS

77, 999176, 18, 37233, 473, 466, 97681, 4652883, 8924818515, 54, 23465, 99, 272, 64597769, 55, 147

DOWN

9444, 82733, 89, 49, 55, 28, 9651, 48, 647985, 77, 6772229668, 7297, 718, 6981, 7385, 81, 53, 35, 63451, 656

PUZZLE - 113

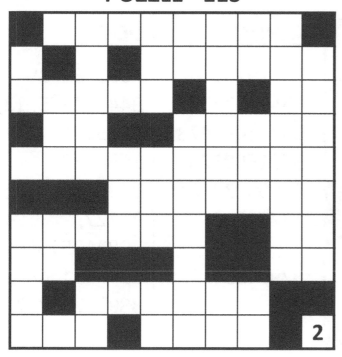

ACROSS

77188, 27, 23894539, 69, 1398662362, 54, 97297, 711524, 896782, 43, 44, 173523, 5159298, 3222, 786

DOWN

16, 87, 855, 33, 98296954, 567729, 743, 22, 7667, 612, 9654952, 37, 38139, 2772844, 19, 49, 32, 232, 988

PUZZLE - 114

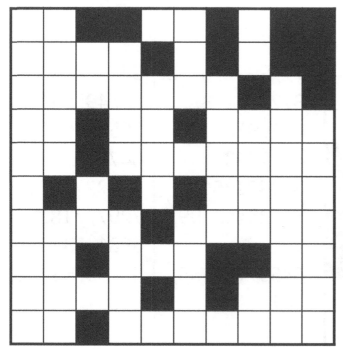

ACROSS

6759, 797, 17, 41, 46, 6674571, 16, 8596, 59768, 8231, 65, 4939, 76, 5217, 9247891, 9839232, 48, 92, 755

DOWN

18469, 53756993, 689, 5543, 2577, 59, 8668, 7799, 51, 72, 94, 1198272, 85216, 6716, 4894755146, 2795

PUZZLE - 115

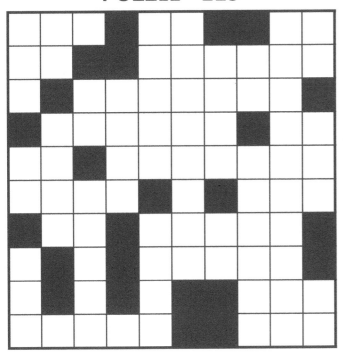

ACROSS

962661, 57, 371, 71, 19344, 4919437, 2654, 88, 86244, 46, 878, 127, 19552, 79, 947639, 12, 936, 4913582

DOWN

1894, 9244, 7327332427, 46, 56653, 819, 9864, 68, 495413, 82, 176, 72, 71, 52, 59169, 74361696, 7519, 541, 99

PUZZLE - 116

ACROSS

43, 4284, 6356, 5898, 225, 3341, 234273, 8542643574, 68, 312644, 13, 813, 67284, 2589, 29, 91, 74, 5948981

DOWN

73, 69, 78943148, 84, 77, 699, 32, 62, 5551, 34844, 24258, 26, 884, 49481, 437349213, 81, 6243252362, 1253

PUZZLE - 117

ACROSS

6179192, 53724, 75, 3516366761, 6288698681, 81, 9926, 7474, 28178242, 16147443, 227

DOWN

26657, 767, 7994, 6835, 66, 68, 171874, 747, 58, 8636, 27367, 76829, 211, 8492, 4192, 132675114, 695, 52

PUZZLE - 118

ACROSS

563, 41, 88, 72, 894, 712248, 14, 58897, 2317, 733, 8383, 24, 81, 19999789, 79728392, 7727, 9146, 49, 694

DOWN

82, 468, 5847, 35776387, 854, 19238, 16, 97, 198194947, 39, 31, 48, 85, 2247, 2983199, 7337439219, 172

PUZZLE - 119

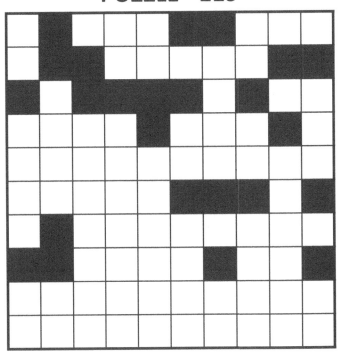

ACROSS

8392324712, 619, 8894563558, 14, 8383727972, 1612, 14718, 77278196, 872, 9449, 317, 89735, 49

DOWN

74, 36, 1689, 552473, 549471, 58, 2437432, 68, 1881, 1513, 1197, 88, 22, 1977989, 33, 24, 75, 988, 71, 7922

PUZZLE - 120

ACROSS

38496, 1439, 42375547, 7854, 53959251, 25, 91243, 59, 53754, 329, 661, 77, 36, 67, 68, 193, 44, 1445

DOWN

5737, 34559235, 94, 59551, 45, 965, 843, 327, 27139, 4246, 6816386, 81, 99744, 54, 216571, 76, 4353

PUZZLE - 121

ACROSS

3443, 738653, 35992, 338, 6744294824, 3661491, 158, 7675, 2195, 1275, 127, 653, 14, 544442, 591, 92

DOWN

19, 9853, 114685, 331, 5376, 52142, 39, 52, 2452, 64, 44, 49844698, 471315, 3716557, 8733442, 27, 3929

PUZZLE - 122

ACROSS

1821813, 98, 73, 627, 9146499, 982253, 2626, 283923, 12248, 56, 81998384, 247, 997734, 87, 978938

DOWN

91722, 74793, 3984929, 36, 81, 73, 319, 84888, 7346731493, 98762, 22249823, 96, 82, 968, 32, 9941, 6921

PUZZLE - 123

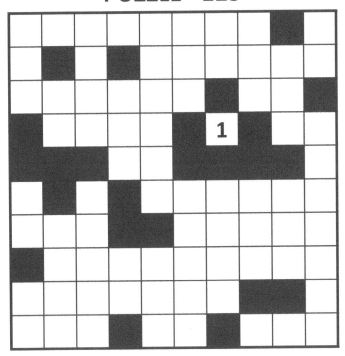

ACROSS

33677614,
5784669,
234381191,
57, 575382,
4745, 75,
695691, 389,
27, 69, 194,
311368,
66228, 312

DOWN

395, 7988119,
74, 321,
768593, 367,
43, 6657,
72384, 975, 21,
44, 629, 1279,
692, 51, 346,
462, 15, 1619,
16865

PUZZLE - 124

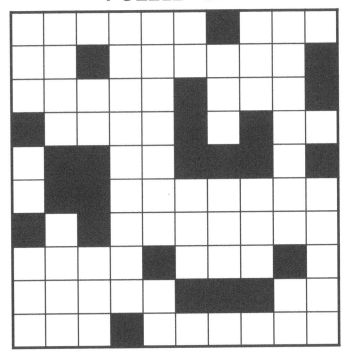

ACROSS

7761, 248254,
61, 85451, 33,
566, 8769,
9177538,
599263,
5747451, 29,
947, 43568,
428777, 827,
83, 636

DOWN

82, 9357,
6211117,
81334,
245669596,
2736, 845, 588,
774, 47, 766,
86, 547, 35,
656, 2762835,
749, 38, 873

PUZZLE - 125

ACROSS

22291, 16, 452, 78, 694848, 51663, 46, 299, 632, 39266, 44, 6195523, 4921415245, 93, 3625, 14, 5113221

DOWN

435, 22, 35195, 3221, 164, 223, 44791, 1356, 398, 9256, 22428, 94, 11, 3446625, 615, 29, 662, 295481, 69613

PUZZLE - 126

ACROSS

28, 2895921448, 1459, 678, 297266, 649222, 35, 2989, 149, 5611, 5459, 557137, 937, 22158641, 771

DOWN

89, 8436, 17675, 4584625, 392498, 2749241, 78297976, 91, 1222, 535, 21, 64, 87, 65, 71, 25, 271, 92, 516951

PUZZLE - 127

ACROSS

897, 9983, 9982, 76, 38379, 148, 2182399, 3247722485, 5946969, 588392, 842, 6738, 13914641, 72

DOWN

68, 17319, 8324698999, 38, 394179, 5719, 825, 96, 2847, 262, 87478139, 5419, 728, 5983, 3826, 4623, 498

PUZZLE - 128

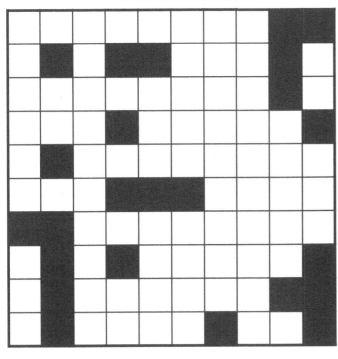

ACROSS

7919, 66723493, 67, 665, 78242, 25799265, 747, 776756, 16149465, 1658, 32855955, 869, 22781

DOWN

24, 633768, 9878, 98, 46924, 965797925, 3558492466, 76, 521, 7765, 16162, 177, 7587192171, 595

PUZZLE - 129

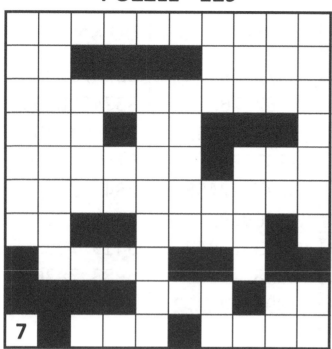

ACROSS

3996494685, 6298, 22, 86, 1159, 492, 2239895771, 944, 1586, 29, 366, 2828, 459, 68, 369376, 7115945467

DOWN

4761, 98, 96781946, 97, 3879322, 624, 1493, 92, 465, 896, 96146221, 39, 22, 58, 5877214, 48695

PUZZLE - 130

ACROSS

39, 311, 59, 64, 2566, 472, 49, 4191629233, 8124881327, 4418481, 59489, 325, 184, 2854, 6425, 666743

DOWN

43, 4475, 285468314, 8492895, 35, 62, 9228, 41, 41198236, 34, 74, 42, 52, 6664158746, 27921, 338163

PUZZLE - 131

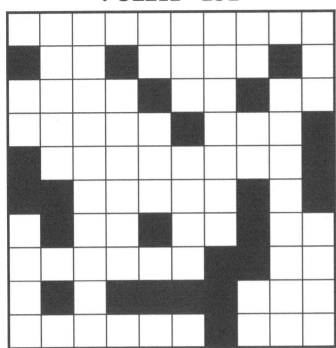

ACROSS

48, 824868, 11613, 714, 184666, 76, 723, 52, 1698, 26225, 59, 1487513334, 3326, 18487393, 98, 32, 19, 478

DOWN

38, 3987338, 5871, 51, 47, 6283, 169, 8922815474, 422, 586, 7148, 624198, 54327372, 32, 19, 41361

PUZZLE - 132

ACROSS

958, 52, 95, 2831, 37, 5444, 82, 84, 754685539, 6929, 68, 4221437, 4453849653, 5925142, 29, 567793377

DOWN

7543533, 427, 1861, 41397, 273, 345, 495, 45, 24, 179, 4865, 826422552, 95479, 484, 833852952, 86

71

PUZZLE - 133

ACROSS

34, 91381144, 373, 345, 359, 538, 547, 95849, 67, 196347, 7943895612, 957, 965, 8578793, 5626, 556

DOWN

65, 83, 31, 51338, 3497596, 53745, 7416, 67, 616, 578, 44799472, 4454, 3879, 553, 38969499, 57355, 261, 98

PUZZLE - 134

ACROSS

3181, 5787, 37, 93, 51332, 461, 57715, 29982269, 476, 68822, 69696, 594, 316874125, 915, 318, 56, 2461

DOWN

5755, 627, 42, 7616471, 695, 92143813, 122583, 184, 56713, 6656322193, 86, 87812, 987, 13, 67413

PUZZLE - 135

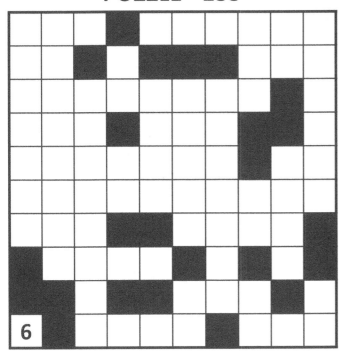

ACROSS

937,
71897384,
247,
2692997215,
3222, 4561,
398, 245, 972,
9977246,
549888, 96,
981, 25, 914,
4691

DOWN

2113, 894,
7929, 873355,
82795563,
16179644, 72,
83, 88,
8167674, 79,
38494, 29,
9979922, 73,
22

PUZZLE - 136

ACROSS

6691, 94, 41,
5157, 2662, 53,
28, 831,
2343811,
1578, 731136,
8227, 89,
28166135, 47,
194, 53893,
583

DOWN

616884953,
12, 36, 196,
257, 796, 321,
549, 2732451,
6384, 147318,
31, 15, 652,
488, 81, 99811,
16379838

PUZZLE - 137

ACROSS

29544, 96537, 144, 51423, 5468, 539, 113, 1283, 75547615, 369, 92, 329, 67, 78, 4524, 1243825, 452, 384

DOWN

5435413, 93, 9284, 16, 82513, 43, 21355, 165573274, 732569, 79228, 137, 4186, 72, 445, 49, 584695

PUZZLE - 138

ACROSS

872, 213, 2965556, 7354, 7871367, 966348138, 89, 56484196, 283, 9957, 81, 43, 748, 47, 4684, 68654, 657

DOWN

19544618, 877676, 861, 913, 682, 43, 474246833, 4655497851, 15362, 688, 758, 7395, 83964, 4627

PUZZLE - 139

ACROSS

33835, 46181549, 195, 82245548, 25, 477261, 2174484, 21, 57, 914789, 87, 93, 981, 6323, 936316, 555, 71

DOWN

25, 8175, 44, 15876571, 241, 93, 61, 7354, 1899, 13276, 28, 894345938, 875519, 5243, 6486315, 29

PUZZLE - 140

ACROSS

461, 93694, 31772, 562, 25338, 6121, 772, 8725, 16888, 63161, 54, 3858, 6712686493, 96, 562447, 35, 1354

DOWN

84, 63, 232, 32, 56135863, 413, 8745, 15, 398738, 2512215, 2699, 56, 1464528, 8746, 146, 137, 38, 796, 6778, 16

PUZZLE - 141

ACROSS

356,
475649511,
39, 77123749,
94, 656, 64, 98,
24, 63, 454,
3828368665,
49, 586579,
75889, 72812,
88965

DOWN

5494, 87,
647638, 7468,
657, 57, 19,
993, 68, 277,
823, 98, 655,
48, 91, 827,
5959612185,
1624559,
3464381

PUZZLE - 142

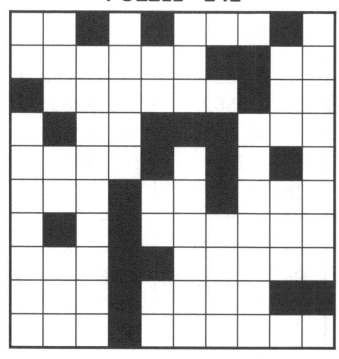

ACROSS

18, 698, 82,
699, 939, 42,
815, 413435,
465, 95,
926512,
51259, 899,
9156, 721925,
838921, 8381,
72, 494

DOWN

193, 25, 79626,
879, 8449214,
97, 651,
32296519,
625, 18,
124598549,
8183, 529,
3962849,
783531, 84, 19

PUZZLE - 143

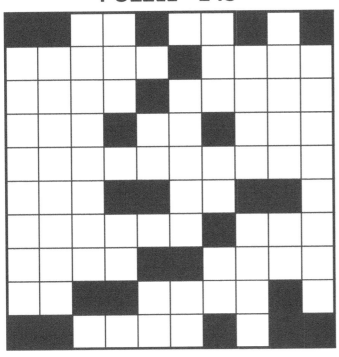

ACROSS

32932, 784, 7167689266, 9341, 2927, 434, 587624, 57, 7185, 21, 3623, 43, 9934, 933, 49, 58171, 899, 19, 1861

DOWN

67, 28819893, 51854, 72, 33, 97, 54736, 19646972, 3192, 998, 26, 931, 11362442, 31778524, 13, 4955, 98

PUZZLE - 144

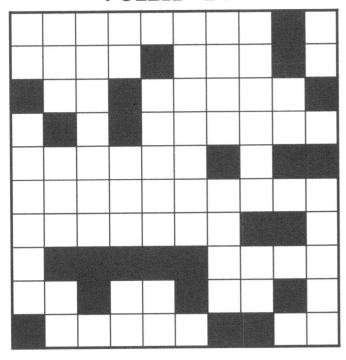

ACROSS

73634, 97, 182181, 6929982, 999, 1464, 9977346262, 57, 79, 12248733, 15, 3565, 71, 89388, 983844

DOWN

16, 398832, 44, 2679272, 98, 249, 6235, 179, 3933, 53, 17, 84, 119657, 11, 89839, 899, 7998148, 57, 22529

PUZZLE - 145

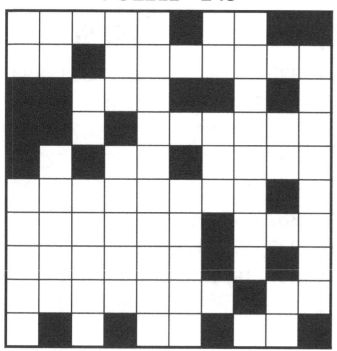

ACROSS

777834, 73468, 1794, 477862, 9671679, 615987, 36, 13, 31, 524, 373, 96, 5995252, 38, 35, 38959129

DOWN

37, 97773, 8936693663, 52597954, 35881, 93, 24746436, 14278, 89, 73, 98776, 35, 657, 512, 31, 37498

PUZZLE - 146

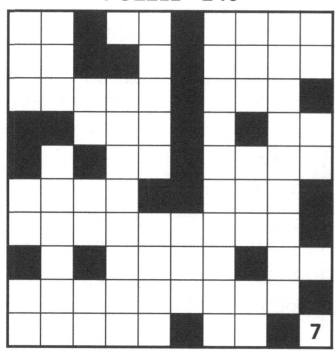

ACROSS

296, 43, 66, 99491, 71934, 4763, 12, 5525, 1943, 5779, 71, 28, 78, 726, 624445912, 8849, 68, 546936461, 358

DOWN

829, 625, 219, 89161, 13, 49, 5432874594, 67, 15, 42, 3544, 194921, 826, 69, 775, 99739543, 46, 768646162, 93

PUZZLE - 147

ACROSS

98, 3634976588, 62324, 44, 146, 4349, 152716, 57, 25665, 9518, 59758, 317, 255968, 666, 664, 88, 72, 27

DOWN

64, 589687, 51513, 98265, 388, 7627633, 15, 665436, 5772, 947, 42, 69, 13457293, 485, 95, 27498, 66, 6416

PUZZLE - 148

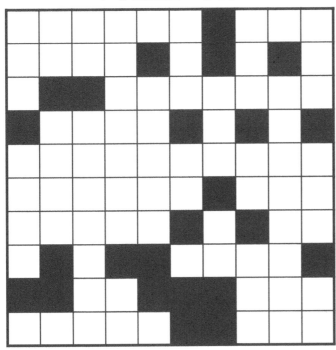

ACROSS

153, 221, 37863, 1251, 1491, 51763, 639, 22, 562, 14, 1694, 344619, 1415245469, 6624625, 112957

DOWN

1447, 49, 46, 29, 22662125, 22, 636, 9169566, 45, 6148917, 1333, 922, 13, 732, 521, 495, 995, 14, 112, 64213

PUZZLE - 149

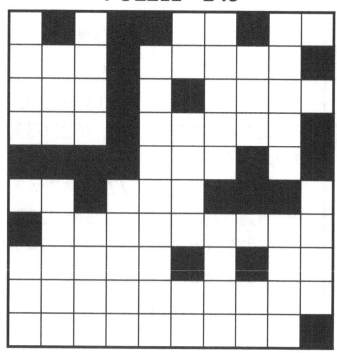

ACROSS

92, 22747, 51336, 854, 5769947311, 43825, 966, 832, 368312762, 5777, 569157538, 35, 51, 992, 776, 42

DOWN

1811, 35761, 42, 6768, 935, 9988, 36, 28536, 1765, 7477, 253, 3512, 273, 25276, 93, 1224, 99493, 495761791

PUZZLE - 150

ACROSS

46, 197, 579, 4938, 478, 65, 86, 48728, 121366113, 663, 971, 399649, 53, 3813828368, 87274, 98, 8965627

DOWN

53, 19, 63719, 244, 24, 836, 879, 3883, 8799, 6851, 579, 627, 78, 3359, 92714, 886, 6621, 92468368, 874, 413

PUZZLE - 151

ACROSS

3446, 686, 949, 1515, 22212912, 1294, 76, 36, 8491, 941, 34, 826, 195523, 126785779, 24, 5469, 13, 5391

DOWN

31, 17712853, 392482, 14652, 3261466, 95, 461, 98, 5794, 32, 3849651921, 21, 421, 763, 629659452, 592

PUZZLE - 152

ACROSS

899, 6825, 8566, 593285595, 659, 868, 672, 774, 32, 25, 7472, 3567, 65961, 79, 19, 487, 7826161495, 3413

DOWN

3571, 849829, 6761, 96, 546, 66, 859, 78927525, 846, 999, 4886552478, 87513, 769, 31, 276327112, 35, 86

PUZZLE - 153

ACROSS

36781958, 42, 86212128, 33, 18, 2682, 951, 62, 4699, 35, 296, 4221, 7267799, 59, 43, 4461, 52, 711

DOWN

4689942, 251, 29, 9519, 626, 2278, 69, 78, 17, 43, 21358475, 36, 22, 2921, 63813, 672127192, 529136, 68

PUZZLE - 154

ACROSS

79, 618, 8166, 777856, 2885, 9271, 337, 57, 97, 2595769, 616328, 6179, 5695688, 279342, 589, 51, 126

DOWN

62, 8119, 76, 28, 9721, 895, 632, 537, 979, 977, 88, 575, 867, 8271, 66, 9626781, 15, 99827, 245, 519, 13876, 63

PUZZLE - 155

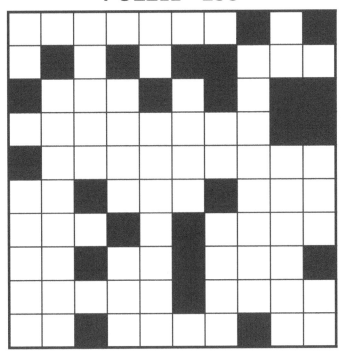

ACROSS

269, 625, 63, 315, 36, 79, 12, 9896, 873, 3173, 222, 347, 5324, 18, 17431, 2981399, 571145617, 98215245

DOWN

736, 2247, 34, 5143211, 69568813, 72, 82627, 45, 28562873, 9353, 32116, 179527, 27, 133, 49, 9113

PUZZLE - 156

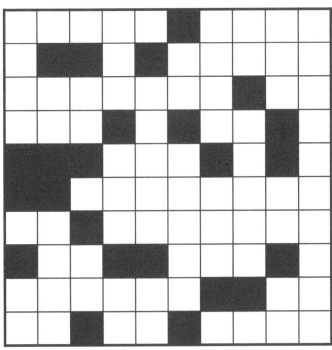

ACROSS

42135, 82598624, 676, 963373, 92, 82, 681, 2286, 437, 81718, 8421933, 52, 36, 9598, 44, 34, 5212719, 72

DOWN

26, 39, 43, 19143, 21, 817, 27, 4362, 98852, 47, 823, 2139, 98, 83, 361, 6826549168, 72, 35, 625, 4286, 29677

PUZZLE - 157

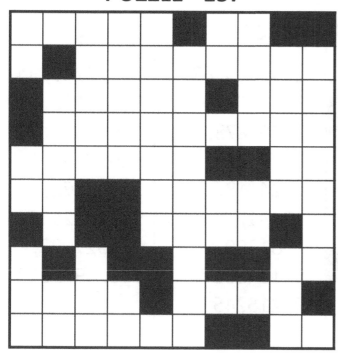

ACROSS

56816697, 58, 186928855, 2512, 135149, 76163, 96, 4358, 84, 18, 286, 6752, 111287, 769941, 34287, 77

DOWN

7628, 311, 928, 22, 7869474, 132963567, 321, 98554, 71383, 51, 86161, 95, 11, 7658186, 38, 76, 25685, 98

PUZZLE - 158

ACROSS

97, 1163, 348465872, 61, 588, 94, 49, 35, 231789, 7944924, 5735, 6198147, 41782781, 47279, 29, 15

DOWN

88, 629195519, 9884, 77, 38, 141, 72, 24, 294, 8748, 31518519, 833, 16443, 473, 6579157842, 616, 9727, 649

PUZZLE - 159

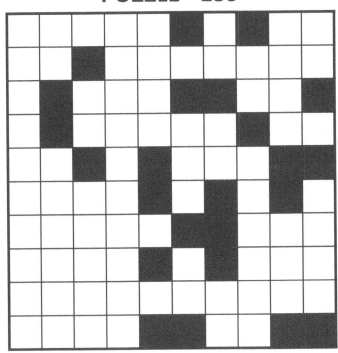

ACROSS

2136941376,
3296787, 82,
59, 24, 6871,
646, 61134,
561, 2383, 167,
43, 45, 33848,
77862, 9268,
96, 483

DOWN

67, 94, 616,
68738, 8844,
8136, 36, 14,
623813,
6584993622,
19, 735435,
687, 4268, 27,
26, 72,
3347784163

PUZZLE - 160

ACROSS

1383,
47578793,
79495,
959252,
482422, 5454,
68,
4453849664,
76468553,
2995, 56929,
53

DOWN

6447554, 342,
63475, 98,
3482, 43,
43655, 414, 63,
279, 85, 5887,
955895, 2579,
4792, 569, 13,
428491865

PUZZLE - 161

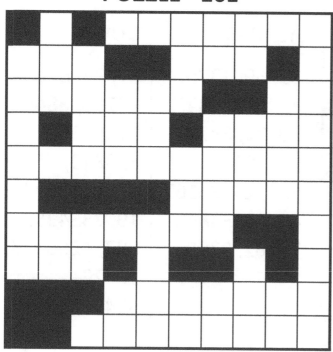

ACROSS

94, 469, 15949, 3282662361, 577912, 9491, 2941524, 111, 639, 3834539, 68632212, 6195523, 267

DOWN

9841195432, 452, 196, 612, 57, 9964, 93, 5316, 49, 46, 322, 9254, 52, 1768, 932, 1573524, 68, 96, 439, 217, 21

PUZZLE - 162

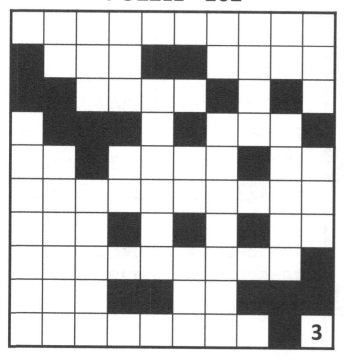

ACROSS

4141264436, 8566, 8992, 67, 2599, 148, 227, 594, 4341336675, 36, 45957698, 21, 59, 568157527, 132

DOWN

15, 975385, 145, 133625, 63, 48, 492, 736, 623, 86757, 1665569, 4914, 2241524, 42879, 39, 81, 759

PUZZLE - 163

ACROSS

95859353,
9655563238,
941695712,
231, 9236, 548,
14, 315, 578,
42455484,
478,
46331157, 77,
31

DOWN

655, 46, 9154,
519, 735,
1354124, 954,
3384, 42, 652,
237,
35577238,
3799, 92,
13583565,
31749, 84,
7388

PUZZLE - 164

ACROSS

75, 73,
9138114453,
9373547, 585,
7879,
9214482,
66351,
61966367,
755793, 8735,
81, 545, 963,
579

DOWN

89, 87755, 196,
58, 48, 276,
4767183, 98,
196957,
4335466, 71,
51331, 95958,
34154,
64433577, 25,
73, 4575

PUZZLE - 165

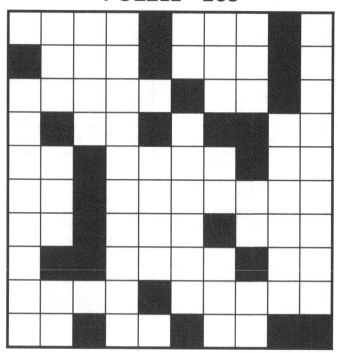

ACROSS

23, 73, 8589, 9696, 8839, 248, 72, 71, 9982, 76, 64, 57, 26956, 594, 4218218, 13914, 38, 772, 98, 232, 55, 997, 99

DOWN

5296, 3799, 791975, 981792, 98, 22, 95, 451688426, 9219849927, 383, 346, 873, 19732695, 284, 665, 25, 97

PUZZLE - 166

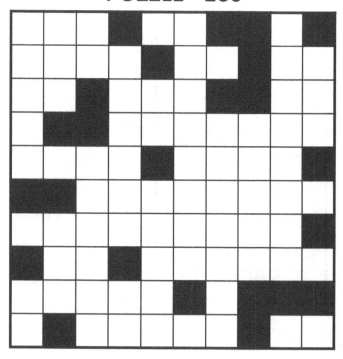

ACROSS

98161822, 2998, 7273634, 26, 463317, 37938, 626, 2323, 15332, 15, 316274425, 54, 571, 53, 21, 7973, 32, 45

DOWN

39, 295, 62172646, 62457, 796291, 17483, 3314322, 354, 69, 35, 62823, 72, 95133251, 137, 857382

PUZZLE - 167

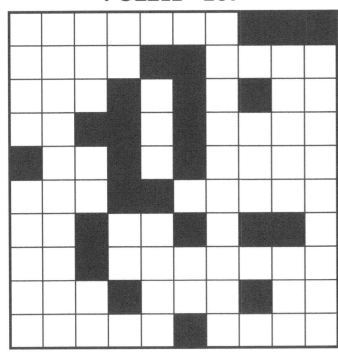

ACROSS

3865, 56, 5856, 13, 6531693, 477, 7253167, 316, 54, 2694, 86, 12, 88, 88886, 126, 48338, 167, 6113, 24, 5252

DOWN

27, 523467766, 6541, 46, 61198, 52, 3366284365, 357, 5273516868, 73, 685, 35814, 168, 249, 4218, 12

PUZZLE - 168

ACROSS

2874, 62, 4881527967, 6898, 3412, 64325, 95, 14, 2317666643, 31, 897, 2642574, 94, 3326, 16716, 34

DOWN

2876, 739, 6514856, 22276617, 96, 3614983, 4128, 24, 54155473, 73, 763926, 42, 81, 43, 6346, 164

PUZZLE - 169

ACROSS

85856168,
5763, 33, 76,
1948321,
238345,
57711,
949133,
6624625, 92,
16, 26864, 12,
369413

DOWN

14, 28, 46,
65193, 27,
65733,
141525732,
536, 8683, 88,
217296, 61,
169, 19, 739,
681, 992, 21,
76, 83, 469441

PUZZLE - 170

ACROSS

83, 4277, 8869,
82, 67,
372474745,
25, 868,
723355833,
47, 289, 177,
36, 535, 7769,
4651, 5162,
9917, 17

DOWN

636827352,
26,
1765839744,
79, 765,
436877, 879,
167, 25, 53321,
814954, 57,
47318, 67483,
8762, 71

PUZZLE - 171

ACROSS

274, 92, 2136, 83, 8646, 66, 5388, 864, 281, 87194834, 6113739289, 58, 7197, 18, 78627, 99, 5856, 87, 94457

DOWN

73, 23847, 59, 879, 981, 135627, 32, 96589, 688, 1987374634, 44, 81, 586, 46, 2136898876, 2382, 977, 71884

PUZZLE - 172

ACROSS

3446, 2361, 29415, 15166, 515, 3222291, 24, 28266, 195523, 49, 69, 2511322, 3143, 686, 14522995, 94, 13

DOWN

9655922362, 489, 949, 554, 611653162, 211, 4462, 3195661, 48, 15, 164, 92, 322, 2923, 36, 2239, 254, 115

PUZZLE - 173

ACROSS

9361, 3934, 5625578872, 662, 58, 54, 81, 24, 7942487, 68, 7115943, 49, 64922, 5417, 788896, 3696

DOWN

7457, 68873, 692, 65, 688432, 193, 9729, 535, 384, 1248, 462, 79, 62, 387, 98179, 188, 51146544, 9757, 32446

PUZZLE - 174

ACROSS

455, 399, 6182231627, 732323, 626, 181, 42532, 379382, 9982, 153, 7115, 7734, 6331, 5727363479

DOWN

94228, 517823, 47, 9295732467, 576, 49359172, 72, 76114165, 85322, 731, 633433, 39, 1218, 162, 73, 62

PUZZLE - 175

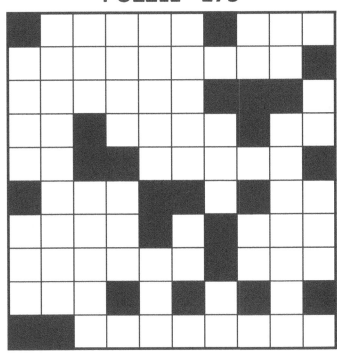

ACROSS

96844, 25, 3167, 813, 244788, 791, 717, 913, 71, 16, 3626, 168888356, 91454988, 54996, 28, 281224, 237

DOWN

77, 1421938, 76, 12179, 362, 16, 95, 871, 9873, 84, 98819, 68866, 564518683, 1227, 264, 322, 34, 484, 788

PUZZLE - 176

ACROSS

39, 559, 32, 58, 92256, 9812, 8813279472, 18466664, 3184, 2611636349, 471, 4589464, 48, 318, 916, 659

DOWN

442843, 21769383, 49, 652, 115, 481, 6942, 9364, 3826, 795, 5464, 13, 56, 8883586, 41, 14, 2962196

PUZZLE - 177

ACROSS

91699233,
8515596,
26985, 8253,
225414884,
34, 7738, 226,
832, 247, 457,
435, 5133, 615,
88389, 98441

DOWN

55783, 81, 13,
58, 8872, 651,
25, 22, 62,
4991, 4928,
228, 8381, 39,
3543995, 364,
43184, 957,
495, 76, 819,
634

PUZZLE - 178

ACROSS

29,
734734783,
323, 523735,
77, 862,
943996,
46244,
7251881361,
53159952, 55,
114, 21688, 47

DOWN

313592, 44, 35,
19, 74,
839589846,
793836,
72436, 93, 428,
76, 45, 19862,
87, 257322,
55781,
44571413

PUZZLE - 179

ACROSS

1718, 69364, 7857, 25, 654, 47, 61955, 35, 6934576258, 63, 112, 391, 949194372, 36, 9949, 791, 829, 6266

DOWN

6951, 66, 637, 99, 41, 6165, 96569, 981432, 27, 82, 49174, 55813, 2982927365, 799, 961, 515, 631, 32449

PUZZLE - 180

ACROSS

32615668, 831, 19179, 72, 262, 93, 9847, 42798, 17, 4284, 35, 3126, 5948, 52, 2436, 884, 1587523334, 82667

DOWN

15, 693, 81135, 2681, 1683, 86677, 435, 73259, 243, 843985824, 93219, 468, 3175946, 2784, 743, 22, 82

PUZZLE - 181

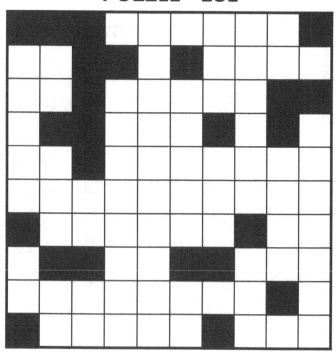

ACROSS

83, 34, 82411, 97, 388299, 31, 2635657115, 572847, 34191628, 7131982, 433, 62, 5418, 754, 33262, 735

DOWN

251, 8823168716, 45354, 37, 8133, 487, 91, 13, 43, 83, 83762, 177, 941791, 87752992, 3254324, 62, 265, 31

PUZZLE - 182

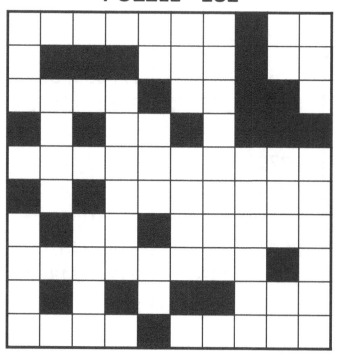

ACROSS

26511, 66, 3366751328, 89, 61595759, 5956874, 83, 34, 784, 22, 78261, 192, 7682586, 5899, 1856

DOWN

841621, 636529, 59, 397, 479, 88, 276, 64611685, 91, 5577, 7615, 886, 382915, 57, 2579, 721, 8235

PUZZLE - 183

ACROSS

78, 647855,
7554772512,
24, 39, 477,
646, 259, 243,
329688,
96716, 792,
134, 497647,
159252, 61,
523, 13

DOWN

1368, 4757, 17,
38261,
551324,
98273984,
6555,
21658749,
733219, 424,
732,
86953496,
27427, 75

PUZZLE - 184

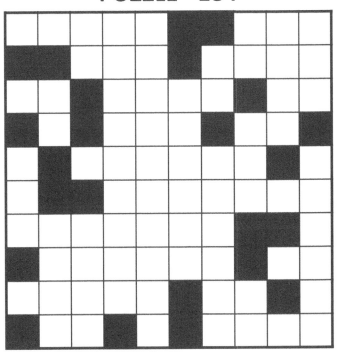

ACROSS

119495, 5111,
9329241,
36467, 68,
1884573, 57,
91, 598, 233,
26, 914, 99,
34358, 4412,
93, 371311,
8385

DOWN

993168, 8746,
221, 24, 83, 41,
8811935376,
35, 952,
144271, 8362,
517325, 321,
595919416,
78, 3199

PUZZLE - 185

ACROSS

17, 1249, 671, 47, 16149, 6751, 28, 7819, 768177, 3947, 58, 227, 4658, 816, 55, 69, 8242767, 67, 7992651

DOWN

727, 19, 416, 89465873, 869671, 29792, 57, 165271, 7856, 95, 7695778, 56, 15, 682175, 84, 62, 24, 412271

PUZZLE - 186

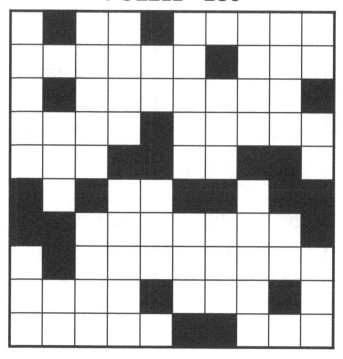

ACROSS

6949, 63222391, 245, 15763, 914913, 44, 1956237, 153, 46, 3511, 7246252, 422, 51763, 12, 21415, 392

DOWN

51, 14, 13624, 14745, 943, 79, 216, 2929, 452, 63321, 59, 49316, 7354, 6921, 835, 1617, 19762, 113, 624, 222, 32

PUZZLE - 187

ACROSS

811445381,
791, 98, 2373,
93617943, 93,
987, 761, 54,
5313, 26,
473468,
3531599525,
963, 63, 879,
96, 554

DOWN

479, 78,
186247, 93,
65539, 79, 17,
445357, 7725,
4133316, 81,
998, 94,
33345583,
3185,
965865263

PUZZLE - 188

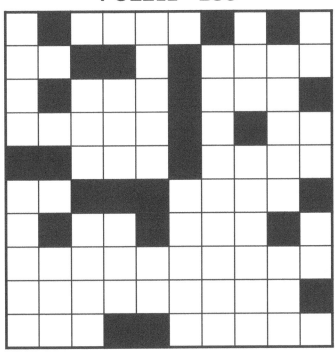

ACROSS

7933, 578, 486,
48, 3399,
5556323841,
7631, 129, 795,
56, 77, 849,
455484176,
47965, 35321,
14, 9416

DOWN

558, 99436,
91244,
919879, 39,
384742317,
466, 79544,
5556, 38, 664,
534, 1153, 83,
735, 61, 927,
36518

PUZZLE - 189

ACROSS

125, 4667227, 226, 736, 371613, 2526356682, 413, 33, 8845, 333489168, 4414575, 745, 984, 8233269

DOWN

75, 44, 66, 79268757, 516, 472, 5832, 43, 251878, 362453, 32, 8162, 4432, 691466293, 132, 3368, 4385135

PUZZLE - 190

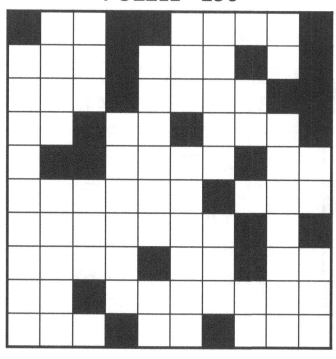

ACROSS

39, 6273, 13, 886, 718792, 236, 25, 94, 622, 6235141, 26, 1137, 596, 78, 71, 8785, 893, 8188, 387, 697, 4469934, 68

DOWN

838, 724765, 59, 6288, 446, 42, 119, 7385933, 827, 12139, 92, 75, 886291, 267584, 197, 96, 637876815, 13863

PUZZLE - 191

ACROSS

12335, 495, 1257, 91, 791, 813, 66822, 131193263, 291, 48, 3498, 24, 319, 8283, 518, 199, 3573637, 88

DOWN

316, 1835, 322, 19852596, 94, 1321, 4738, 51, 33, 817, 3977951662, 21, 245, 38, 8841, 8349849, 8381, 911

PUZZLE - 192

ACROSS

5657, 75425, 23, 63325, 1319, 2263, 37, 3262, 563318, 8974333, 27, 139391, 728, 42, 5938, 191628, 15

DOWN

58, 95, 674, 32, 1356462, 716, 2214813436, 24399, 332113, 72, 78, 12, 535, 61, 5335, 992273, 852, 5338769

PUZZLE - 193

ACROSS

35, 1382, 6244, 8967, 79123763, 836, 1671968448, 2812, 771, 9727, 7887253167, 39145498, 717

DOWN

37, 87, 62928, 893, 2219, 227, 256, 4388, 718, 78, 3468, 371, 2757, 64, 5861, 4143743997, 6461, 873611981

PUZZLE - 194

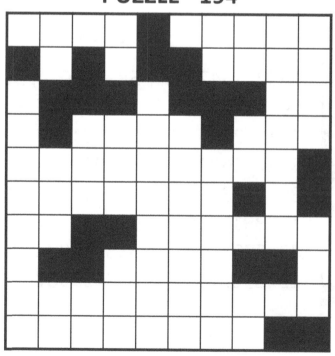

ACROSS

24873391, 49, 88, 2771969, 138383, 4562, 2687, 557, 81549, 887254177, 8292324792, 1471, 9131

DOWN

86591633, 49, 4385748, 477, 51, 879, 57, 9187, 98, 71, 227, 16, 24, 312, 2463823, 69824682, 521, 19, 198749

PUZZLE - 195

ACROSS

52, 2848, 15716, 92342698, 357, 66, 78, 83, 471587, 2615, 917, 19241, 41, 85, 14, 79, 88256, 333, 119, 52262

DOWN

411, 24, 193, 221392, 1696959658, 113655, 78, 1684322, 2715, 95, 2197, 234, 714, 26, 887, 873, 358, 843951

PUZZLE - 196

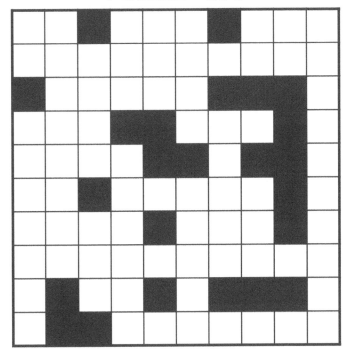

ACROSS

38242, 9337, 47, 2891499311, 111, 94965, 752, 59, 4444212, 467, 2884, 8226683958, 942, 26, 935

DOWN

68948732, 1122816882, 24814, 22, 437694, 719, 9249845, 13, 325, 9428, 11, 2959, 546, 36463, 279

PUZZLE - 197

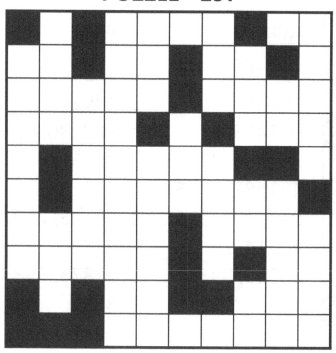

ACROSS

68624, 34437, 5912711, 6461, 95, 1963, 4693, 37265, 71, 552, 19, 49, 89, 8482724, 684, 25, 37336, 2661

DOWN

4715, 6974, 114, 95, 16282, 266543, 67, 617654, 3544, 965, 695, 8365433, 922, 14324, 479, 19, 2461893398

PUZZLE - 198

ACROSS

24, 67434, 952, 65952, 58998, 271, 42799997, 51371, 572, 87, 6363497, 6735, 246, 5883, 5975817, 64

DOWN

25, 46, 998, 6586653256, 6779, 5514, 595, 227, 178, 551765198, 22799, 332, 643, 7399, 924, 68, 7438

PUZZLE - 199

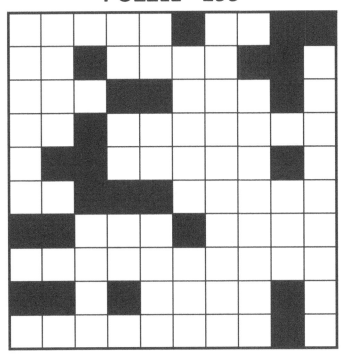

ACROSS

99, 45, 7382, 94, 1343, 12891, 1267521, 823, 21933746, 9352288468, 965, 2942, 93, 359, 31194, 58381

DOWN

62, 9549, 13, 598419, 9357912884, 22, 11, 81, 95119426, 581442847, 43683, 5273, 837, 8425, 946

PUZZLE - 200

ACROSS

618154996, 78, 688, 6195, 354, 6323, 8945625, 131, 31, 793, 87, 822, 14, 5338, 4554821744, 7726198, 844

DOWN

27, 254, 36815, 3581, 84, 344, 311368, 24, 951984, 327, 895127, 8196, 4654468, 27313, 96, 521, 48, 64, 76997

Solutions

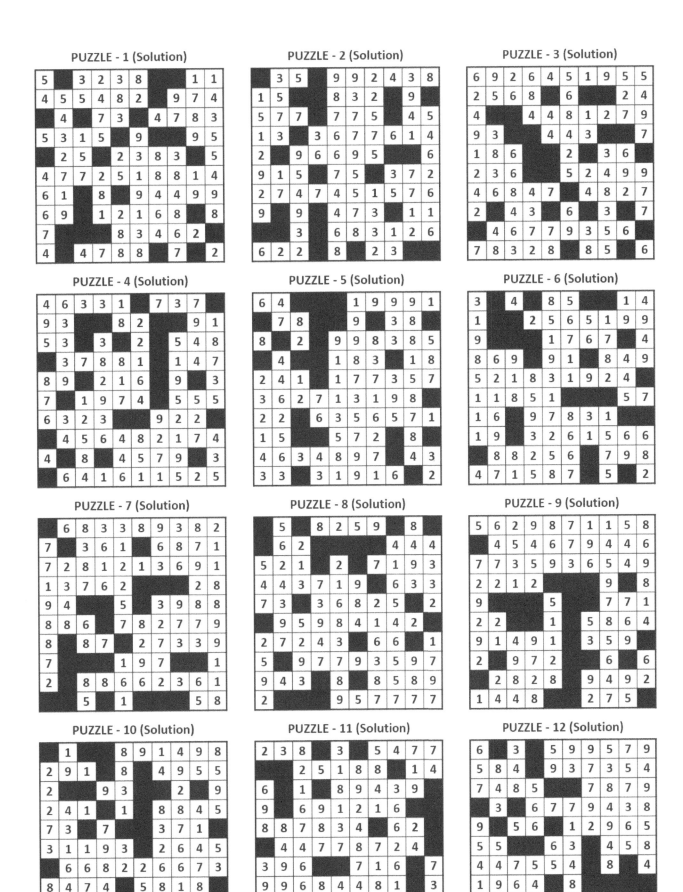

107

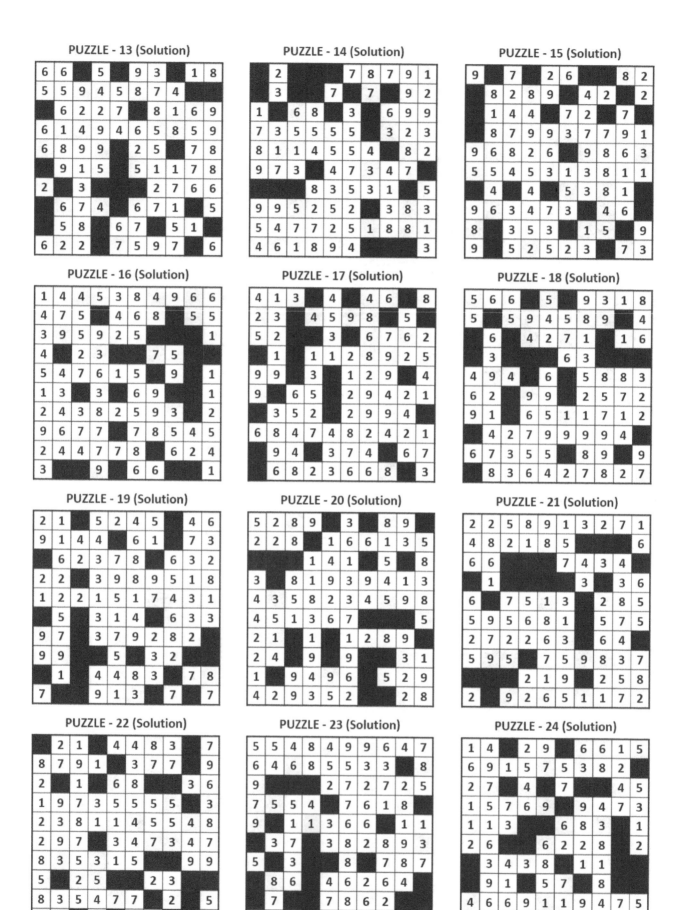

PUZZLE - 13 (Solution)
PUZZLE - 14 (Solution)
PUZZLE - 15 (Solution)
PUZZLE - 16 (Solution)
PUZZLE - 17 (Solution)
PUZZLE - 18 (Solution)
PUZZLE - 19 (Solution)
PUZZLE - 20 (Solution)
PUZZLE - 21 (Solution)
PUZZLE - 22 (Solution)
PUZZLE - 23 (Solution)
PUZZLE - 24 (Solution)

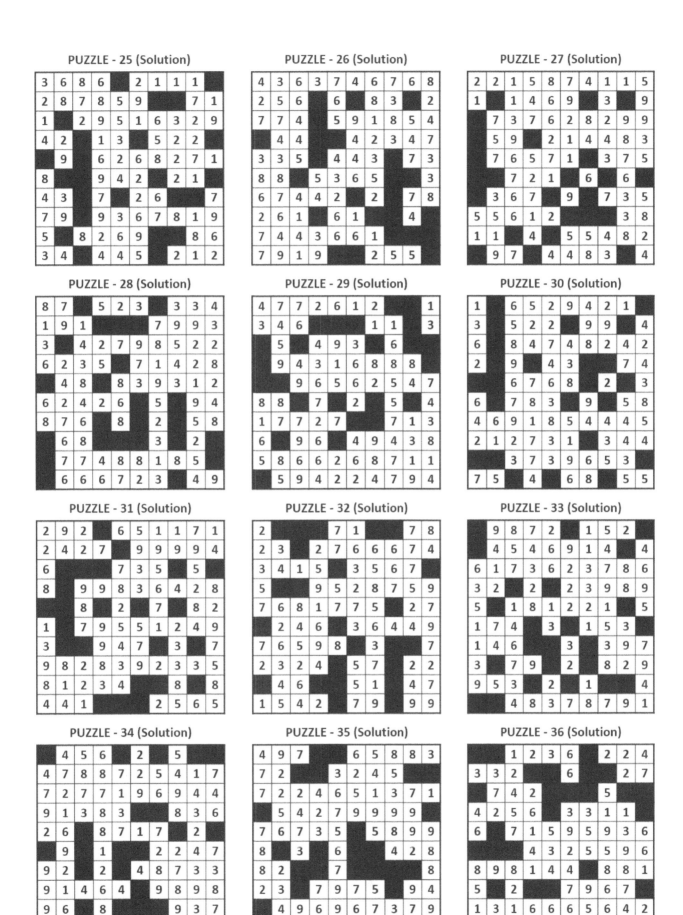

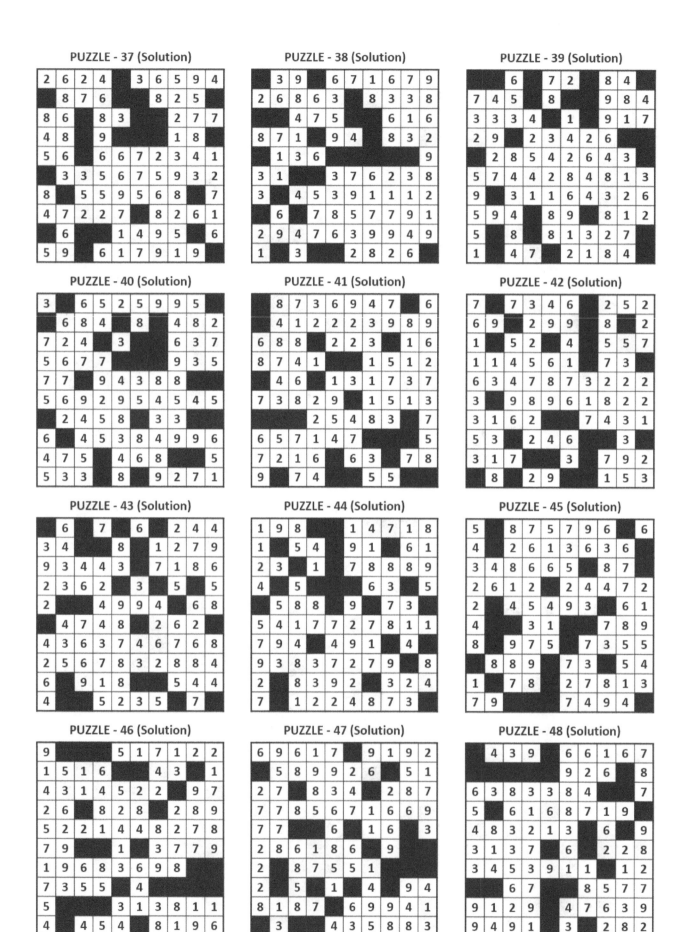

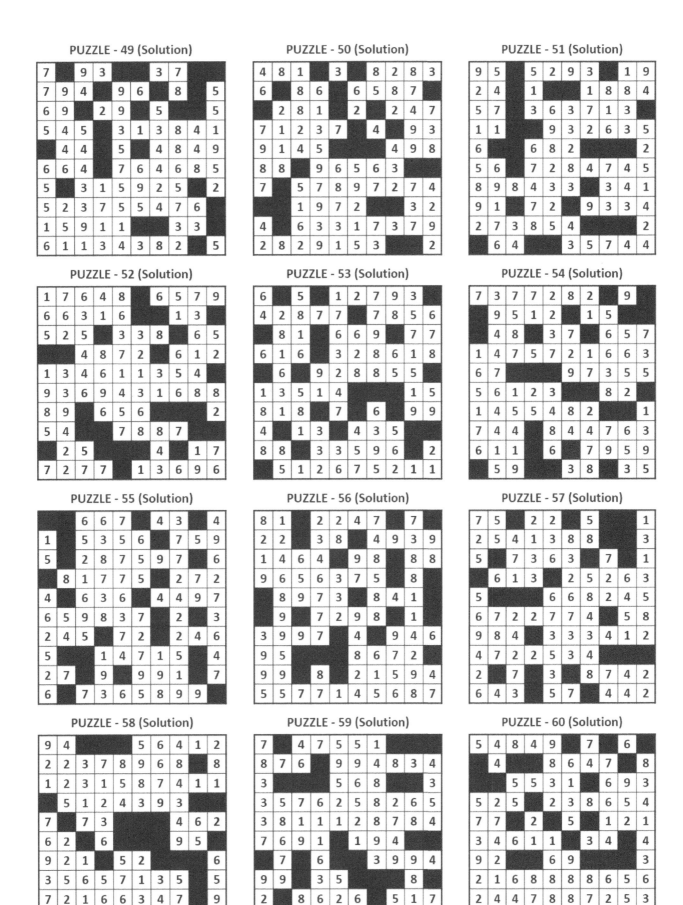

PUZZLE - 49 (Solution)　　PUZZLE - 50 (Solution)　　PUZZLE - 51 (Solution)

PUZZLE - 52 (Solution)　　PUZZLE - 53 (Solution)　　PUZZLE - 54 (Solution)

PUZZLE - 55 (Solution)　　PUZZLE - 56 (Solution)　　PUZZLE - 57 (Solution)

PUZZLE - 58 (Solution)　　PUZZLE - 59 (Solution)　　PUZZLE - 60 (Solution)

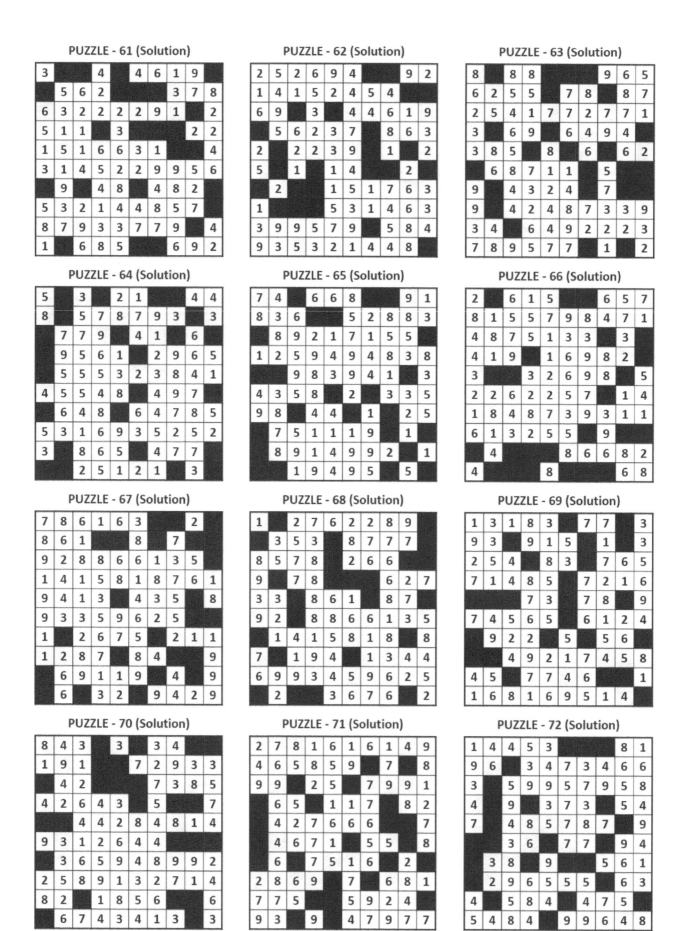

PUZZLE - 61 (Solution)

PUZZLE - 62 (Solution)

PUZZLE - 63 (Solution)

PUZZLE - 64 (Solution)

PUZZLE - 65 (Solution)

PUZZLE - 66 (Solution)

PUZZLE - 67 (Solution)

PUZZLE - 68 (Solution)

PUZZLE - 69 (Solution)

PUZZLE - 70 (Solution)

PUZZLE - 71 (Solution)

PUZZLE - 72 (Solution)

PUZZLE - 73 (Solution)

PUZZLE - 74 (Solution)

PUZZLE - 75 (Solution)

PUZZLE - 76 (Solution)

PUZZLE - 77 (Solution)

PUZZLE - 78 (Solution)

PUZZLE - 79 (Solution)

PUZZLE - 80 (Solution)

PUZZLE - 81 (Solution)

PUZZLE - 82 (Solution)

PUZZLE - 83 (Solution)

PUZZLE - 84 (Solution)

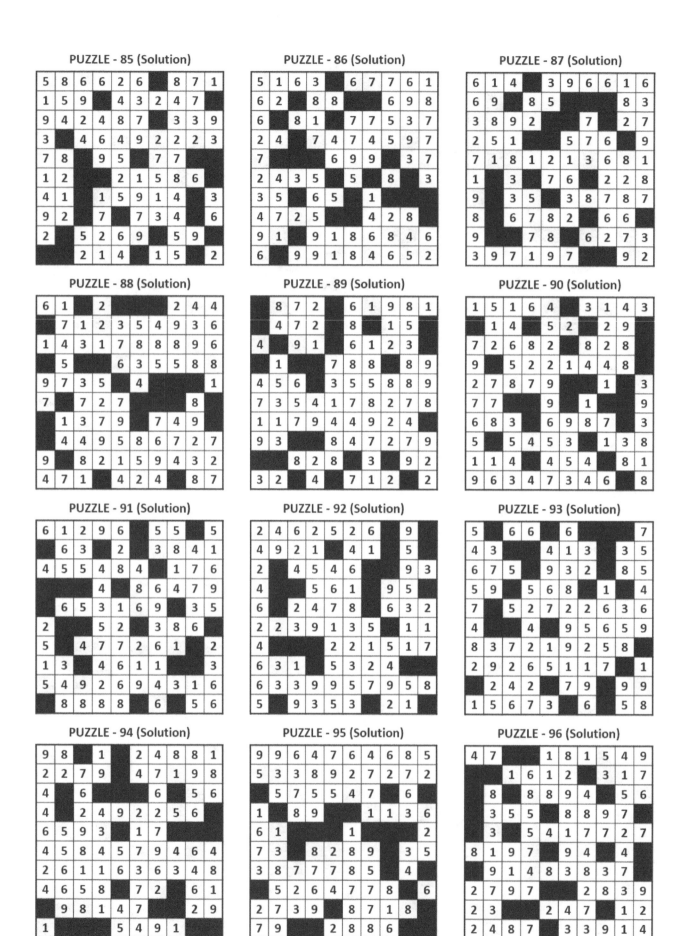

114

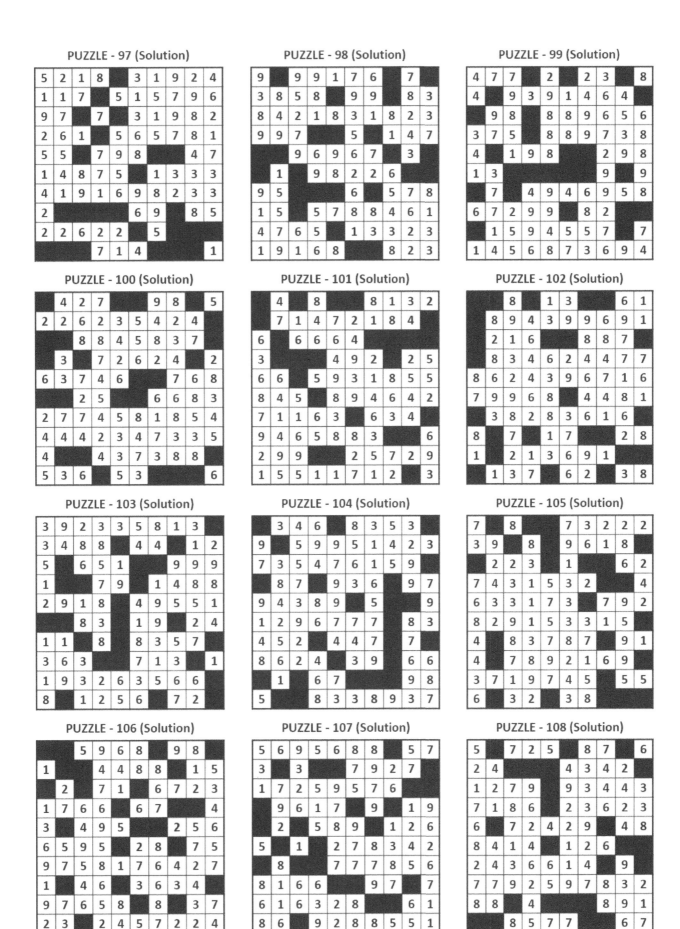

PUZZLE - 109 (Solution)

PUZZLE - 110 (Solution)

PUZZLE - 111 (Solution)

PUZZLE - 112 (Solution)

PUZZLE - 113 (Solution)

PUZZLE - 114 (Solution)

PUZZLE - 115 (Solution)

PUZZLE - 116 (Solution)

PUZZLE - 117 (Solution)

PUZZLE - 118 (Solution)

PUZZLE - 119 (Solution)

PUZZLE - 120 (Solution)

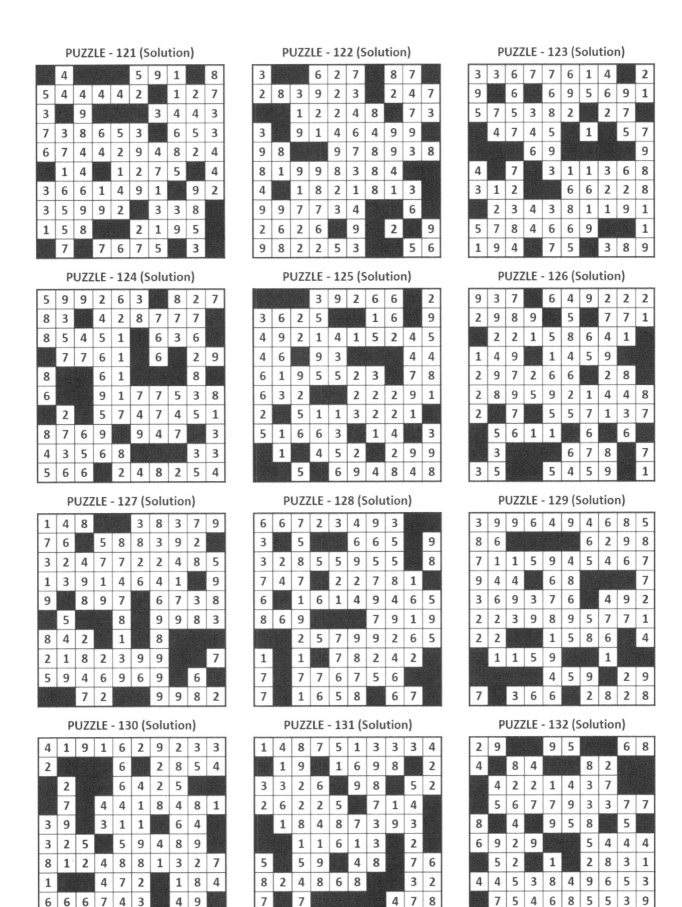

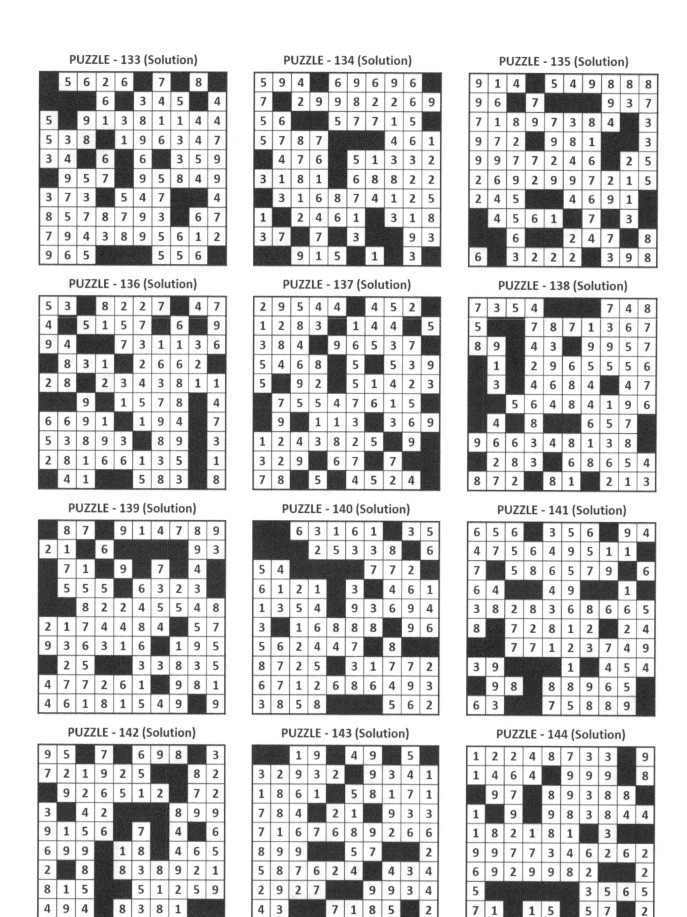

PUZZLE - 133 (Solution)

PUZZLE - 134 (Solution)

PUZZLE - 135 (Solution)

PUZZLE - 136 (Solution)

PUZZLE - 137 (Solution)

PUZZLE - 138 (Solution)

PUZZLE - 139 (Solution)

PUZZLE - 140 (Solution)

PUZZLE - 141 (Solution)

PUZZLE - 142 (Solution)

PUZZLE - 143 (Solution)

PUZZLE - 144 (Solution)

PUZZLE - 145 (Solution)

7	3	4	6	8		3	5		
3	1		5	9	9	5	2	5	2
		3	7	3			5		4
		7		6	1	5	9	8	7
	9		3	6		1	7	9	4
3	8	9	5	9	1	2	9		6
7	7	7	8	3	4		5	2	4
4	7	7	8	6	2		4		3
9	6	7	1	6	7	9		9	6
8		3		3	8		1	3	

PUZZLE - 146 (Solution)

2	8		7	8		5	7	7	9
1	2		9		4	7	6	3	
9	9	4	9	1		3	5	8	
	2	9	6		2		6	6	
1		7	1		8	8	4	9	
1	9	4	3			7	2	6	
5	4	6	9	3	6	4	6	1	
	9		5	5	2	5		6	8
6	2	4	4	4	5	9	1	2	
7	1	9	3	4		4	3		7

PUZZLE - 147 (Solution)

3		2	5	5	9	6	8
9	8		1		4	4	
8	8		1	5	2	7	1	6
7	2		3	1	7		6
6	6	6		4	3	4	9		5
2	5	6	6	5		9	5	1	8
7		5	9	7	5	8		9
6	6	4		2	7		1	4	6
3	6	3	4	9	7	6	5	8	8
3		6	2	3	2	4		5	7

PUZZLE - 148 (Solution)

1	1	2	9	5	7		6	3	9
1	4	9	1		3		3		9
2			6	6	2	4	6	2	5
	1	6	9	4		9		2	
1	4	1	5	2	4	5	4	6	9
3	4	4	6	1	9		5	6	2
3	7	8	6	3		2		2	2
3		9			1	2	5	1	
		1	4			2	2	1	
5	1	7	6	3			1	5	3

PUZZLE - 149 (Solution)

9		1			9	2		3	5
9	9	2		4	3	8	2	5	
8	3	2		9		5	7	7	7
8	5	4		5	1	3	3	6	
				7	7	6		1	
4	2		9	6	6				1
	5	6	9	1	5	7	5	3	8
2	2	7	4	7		4		5	1
5	7	6	9	9	4	7	3	1	1
3	6	8	3	1	2	7	6	2	

PUZZLE - 150 (Solution)

8	6		5	7	9		6	6	3
3	8	1	3	8	2	8	3	6	8
6	5				4	8	7	2	8
	1	2	1	3	6	6	1	1	3
7		4	9	3	8		9		
	4		5	3				9	8
	8		8	9	6	5	6	2	7
4	7	8			8	7	2	7	4
1	9	7		2		9	7	1	
3	9	9	6	4	9			4	6

PUZZLE - 151 (Solution)

3	4		5	3	9	1			1
1	2	6	7	8	5	7	7	9	
	1	2	9	4		7	6		3
9		9	4	9		1	3		2
8	2	6		6		2		3	6
	1	5	1	5		8	4	9	1
	9	4	1		5		2	4	
	5	4	6	9		3	4	4	6
1	9	5	5	2	3		6	8	6
	2	2	2	1	2	9	1	2	

PUZZLE - 152 (Solution)

6	5	9				4	8	7
		6	8	2	5		8	6	8
3	2		7	7	4		8		9
1		8	5	6	6		6	7	2
	3	4	1	3		3	5	6	7
	5	9	3	2	8	5	5	9	5
6		8		7	4	7	2		2
7	8	2	6	1	6	1	4	9	5
6	5	9	6	1			7	9	
1	9			2	5		8	9	9

PUZZLE - 153 (Solution)

4	6	9	9		4	4	6	1	
6	2		5	2			3		6
8	6	2	1	2	1	2	8		7
9		5	9		7	1	1		2
9	5	1		6		3	3		1
4	2		1		3	5			2
2	9	6		2	6	8	2		7
	1	8		9		4	2	2	1
4	3		7	2	6	7	7	9	9
3	6	7	8	1	9	5	8		2

PUZZLE - 154 (Solution)

5	6	9	5	6	8	8		5	7
3	3	7			9	2	7	1	
7			2	5	9	5	7	6	9
	6	1	7	9		1			9
	2		5	8	9		1	2	6
5		1		2	7	9	3	4	2
	8			7	7	7	8	5	6
8	1	6	6			9	7		7
6	1	6	3	2	8		6	1	8
7	9		2	8	8	5		5	1

PUZZLE - 155 (Solution)

2	9	8	1	3	9	9		7	
7		2		4			6	2	5
	2	6	9		2		9		
9	8	2	1	5	2	4	5		
	5	7	1	1	4	5	6	1	7
3	6		3	4	7		8	7	3
2	2	2		3		9	8	9	6
1	8		1	2		3	1	5	
1	7	4	3	1		5	3	2	4
6	3		3	1	7	3		7	9

PUZZLE - 156 (Solution)

4	2	1	3	5		2	2	8	6
2			6		8	1	7	1	8
8	4	2	1	9	3	3		7	2
6	7	6		8		9	2		6
			6	8	1		9		5
	8	2	5	9	8	6	2	4	
4	4		5	2	1	2	7	1	9
	3	4			4	3	7		1
9	6	3	3	7	3			3	6
8	2		5	2		9	5	9	8

119

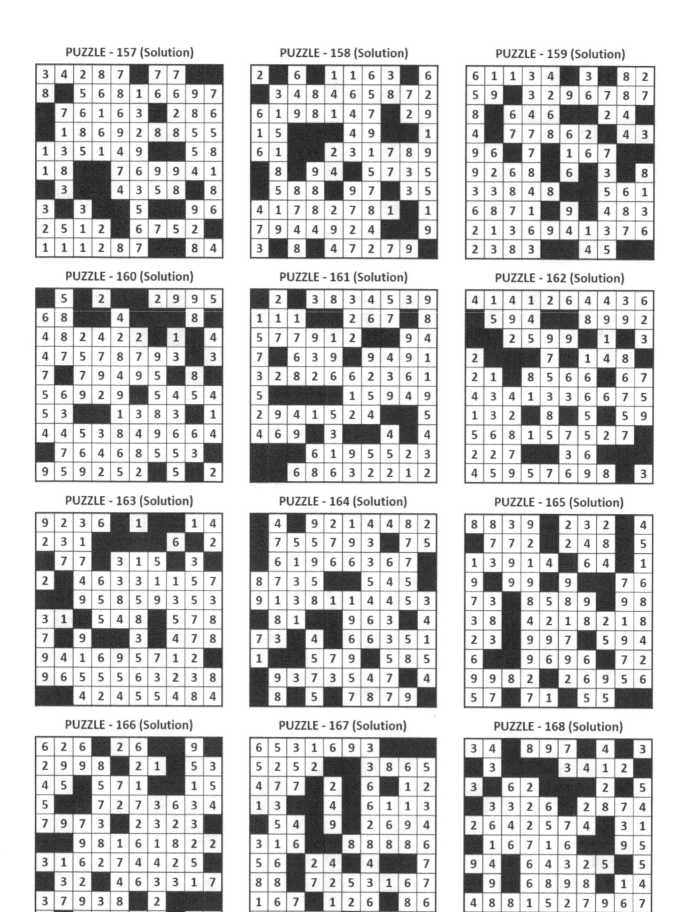

PUZZLE - 169 (Solution)

2	6	8	6	4	■	8	■	3	3
8	5	8	5	6	1	6	8	■	■
■	7	■	1	9	4	8	3	2	1
■	3	6	9	4	1	3	■	7	6
2	3	8	3	4	5	■	3	■	9
1	■	1	■	1	2	■	■	6	■
7	■	8	■	5	7	7	1	1	■
2	■	9	■	5	7	6	3	■	9
9	4	9	1	3	3	■	9	2	■
6	6	2	4	6	2	5	■	1	6

PUZZLE - 170 (Solution)

1	7	■	8	2	■	4	2	7	7
7	■	6	7	■	5	3	5	■	1
6	■	3	6	■	■	6	■	7	■
5	1	6	2	■	8	8	6	9	■
8	6	8	■	■	1	7	7	■	5
3	7	2	4	7	4	7	4	5	■
9	■	7	7	6	9	■	8	3	■
7	2	3	3	5	5	8	3	3	■
4	6	5	1	■	4	7	■	2	5
4	■	2	8	9	■	9	9	1	7

PUZZLE - 171 (Solution)

■	2	8	1	■	2	1	3	6	■
6	1	1	3	7	3	9	2	8	9
■	3	■	5	3	8	8	■	8	7
8	6	4	6	■	2	7	4	■	7
7	8	6	2	7	■	3	■	■	■
9	9	■	7	1	9	7	■	9	2
■	8	■	■	8	6	4	■	8	3
5	8	■	5	8	5	6	■	1	8
8	7	1	9	4	8	3	4	■	4
6	6	■	■	■	9	4	4	5	7

PUZZLE - 172 (Solution)

9	4	■	■	9	■	■	■	1	3
2	8	2	6	6	■	2	3	6	1
■	■	5	1	5	■	9	■	4	9
2	9	4	1	5	■	2	4	■	5
■	4	■	6	9	■	3	4	4	6
1	9	5	5	2	3	■	6	8	6
■	■	3	2	2	2	2	9	1	■
2	5	1	1	3	2	2	■	■	■
1	5	1	6	6	■	3	1	4	3
1	4	5	2	2	9	9	5	■	6

PUZZLE - 173 (Solution)

5	4	■	■	9	3	6	1	■	4
3	■	1	■	7	8	8	8	9	6
5	6	2	5	5	7	8	8	7	2
■	5	4	1	7	■	7	■	2	■
7	■	8	1	■	3	6	9	6	■
4	9	■	4	■	3	■	■	■	8
5	8	■	6	6	2	■	■	6	8
7	1	1	5	9	4	3	■	2	4
■	7	9	4	2	4	8	7	■	3
3	9	3	4	■	6	4	9	2	2

PUZZLE - 174 (Solution)

1	■	3	9	9	■	7	7	3	4
6	■	2	■	6	2	6	■	■	9
2	■	9	9	8	2	■	1	5	3
■	4	5	5	■	7	1	1	5	■
5	7	2	7	3	6	3	4	7	9
7	3	2	3	2	3	■	1	8	1
6	1	8	2	2	3	1	6	2	7
■	■	■	4	■	4	2	5	3	2
4	■	■	6	3	3	1	■	■	■
7	■	3	7	9	3	8	2	■	■

PUZZLE - 175 (Solution)

■	5	4	9	9	6	■	9	1	3
1	6	8	8	8	8	3	5	6	■
2	4	4	7	8	8	■	■	■	7
2	5	■	3	1	6	7	■	1	6
7	1	■	9	6	8	4	4	■	■
■	8	1	3	■	8	■	2	8	■
3	6	2	6	■	8	■	7	1	7
2	8	1	2	2	4	■	7	9	1
2	3	7	■	6	■	3	■	3	■
■	■	9	1	4	5	4	9	8	8

PUZZLE - 176 (Solution)

■	3	1	8	■	4	7	1	■	■
3	9	■	3	■	■	9	1	6	■
■	4	■	3	2	■	5	5	9	■
4	8	■	9	8	1	2	■	■	4
8	8	1	3	2	7	9	4	7	2
1	8	4	6	6	6	6	4	■	■
■	3	■	4	■	9	2	2	5	6
6	5	9	■	■	3	1	8	4	■
5	8	■	4	5	8	9	4	6	4
2	6	1	1	6	3	6	3	4	9

PUZZLE - 177 (Solution)

8	8	3	8	9	■	■	2	4	7
1	■	■	8	5	1	5	5	9	6
9	■	■	7	7	3	8	■	9	■
■	8	3	2	■	■	■	6	1	5
4	3	5	■	8	2	5	3	■	5
9	8	4	4	1	■	■	4	5	7
5	1	3	3	■	3	4	■	■	8
■	■	9	1	6	9	9	2	3	3
2	6	9	8	5	■	■	2	2	6
2	2	5	4	1	4	8	8	4	■

PUZZLE - 178 (Solution)

3	2	3	■	8	■	1	1	4	■
5	5	■	4	■	8	■	■	2	9
■	■	7	3	4	7	3	4	7	8	3
5	3	1	5	9	9	5	2	■	■
5	2	3	7	3	5	■	4	7	■
7	2	5	1	8	8	1	3	6	1
8	■	9	4	3	9	9	6	■	9
1	■	2	1	6	8	8	■	7	■
■	8	■	3	■	4	6	2	4	4
7	7	■	■	8	6	2	■	■	4

PUZZLE - 179 (Solution)

6	9	3	4	5	7	6	2	5	8
3	6	■	■	5	■	3	9	1	■
1	1	2	■	8	■	7	8	5	7
■	■	7	9	1	■	■	2	■	9
4	7	■	6	3	■	9	9	4	9
1	■	3	5	■	■	8	2	9	■
■	6	2	6	6	■	1	7	1	8
■	9	4	9	1	9	4	3	7	2
6	5	4	■	6	9	3	6	4	■
6	1	9	5	5	■	2	5	■	6

PUZZLE - 180 (Solution)

1	7	■	8	3	1	■	1	■	9
■	3	2	6	1	5	6	6	8	■
8	2	6	6	7	■	9	8	4	7
1	5	8	7	5	2	3	3	3	4
1	9	1	7	9	■	■	■	9	3
3	■	■	■	4	2	7	9	8	■
5	2	■	2	6	2	■	3	5	■
■	7	2	■	■	■	4	2	8	4
8	8	4	■	9	■	3	1	2	6
2	4	3	6	■	■	5	9	4	8

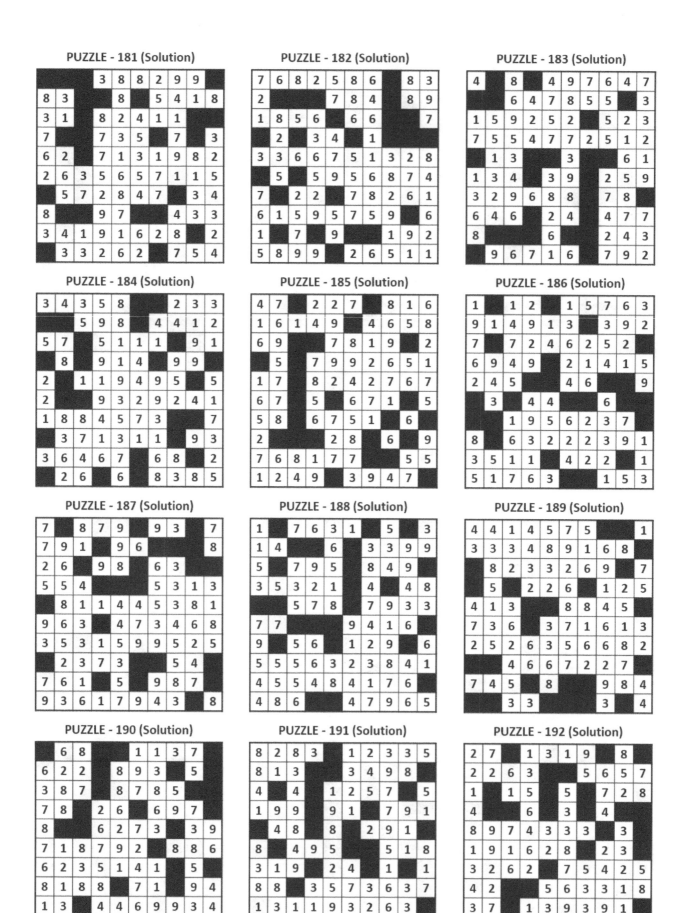

PUZZLE - 181 (Solution)

PUZZLE - 182 (Solution)

PUZZLE - 183 (Solution)

PUZZLE - 184 (Solution)

PUZZLE - 185 (Solution)

PUZZLE - 186 (Solution)

PUZZLE - 187 (Solution)

PUZZLE - 188 (Solution)

PUZZLE - 189 (Solution)

PUZZLE - 190 (Solution)

PUZZLE - 191 (Solution)

PUZZLE - 192 (Solution)

PUZZLE - 193 (Solution)

3	5			6	2	4	4		
7	8	8	7	2	5	3	1	6	7
1	6	7	1	9	6	8	4	4	8
	1	3	8	2		8	3	6	
2		6		8			7	1	7
2	8	1	2		2		4		
7	9	1	2	3	7	6	3		
	3	9	1	4	5	4	9	8	
8		8	9	6	7		9		3
7	7	1		8		9	7	2	7

PUZZLE - 194 (Solution)

1	4	7	1		8	1	5	4	9
	9		6		9	1	3	1	
6			8				8	8	
9		4	5	6	2		5	5	7
8	8	7	2	5	4	1	7	7	
2	7	7	1	9	6	9		4	
4	9			1	3	8	3	8	3
6			2	6	8	7			1
8	2	9	2	3	2	4	7	9	2
2	4	8	7	3	3	9	1		

PUZZLE - 195 (Solution)

8	3		1	9	2	4	1		1
8	5		1	5	7	1	6		9
7	8		3		1	1	9		3
		2	6	1	5		6	6	
8	8	2	5	6		7	9		8
4	7	1	5	8	7		5	2	
3	3	3		4	1		9	1	7
9		9	2	3	4	2	6	9	8
5	2	2	6	2		3	5	7	
1	4			2	8	4	8		

PUZZLE - 196 (Solution)

2	6		7	5	2		1	1	1
2	8	9	1	4	9	9	3	1	1
	9	4	9	6	5				2
9	4	2			9	3	5		2
2	8	8	4		6				8
4	7		3	8	2	4	2		1
9	3	3	7		4	6	7		6
8	2	2	6	6	8	3	9	5	8
4		5	9		1				8
5			4	4	4	4	2	1	2

PUZZLE - 197 (Solution)

	6		2	6	6	1		7	1
8	9		4	9		1	9		4
3	7	2	6	5		4	6	9	3
6	4	6	1		9		5	5	2
5		6	8	6	2	4			4
4		5	9	1	2	7	1	1	
3	4	4	3	7		1	9	6	3
3	7	3	3	6		5		2	5
	9		9	5			6	8	4
		8	4	8	2	7	2	4	

PUZZLE - 198 (Solution)

6	7	4	3	4			9	5	2
5		6			6	5	9	5	2
8	7		5	9	7	5	8	1	7
6	4			2	7	1		4	
6	3	6	3	4	9	7			6
5	8	8	3			6		2	
3			2	4			5	7	2
2	4	6			5	1	3	7	1
5		4	2	7	9	9	9	9	7
6	7	3	5		5	8	9	9	8

PUZZLE - 199 (Solution)

5	8	3	8	1		9	3		
9	4		1	3	4	3			5
8	2	3			3	5	9		8
4	5		1	2	6	7	5	2	1
1			1	2	8	9	1		4
9	9			3	1	1	9	4	
		9	6	5		2	9	4	2
9	3	5	2	2	8	8	4	6	8
		4		7	3	8	2		4
2	1	9	3	3	7	4	6		7

PUZZLE - 200 (Solution)

6	3	2	3			8	2	2	
4	5	5	4	8	2	1	7	4	4
	8	4	4		7	9	3		6
3	1				6	1	9	5	
2		5	3	3	8		3	5	4
7	7	2	6	1	9	8		1	4
	6	1	8	1	5	4	9	9	6
	9		1	3	1		6	8	8
8	9	4	5	6	2	5		4	
	7	8		8	7		2		

Made in United States
Cleveland, OH
12 April 2025

15989161R00070